U0283247

THE FUNCTION OF ORNAMENTS

装饰的功能

[英国] 法西德 · 穆萨维 [美国] 迈克尔 · 库博 著

邵 笛 胡一可 宋睿琦 译 肖礼斌 审校

江苏凤凰科学技术出版社 · 南京

The Function of Ornaments
Edited by Farshid Moussavi and Michael Kubo

江苏省版权局著作权合同登记图字：10-2019-094号

图书在版编目（CIP）数据

装饰的功能 ／（英）法西德·穆萨维，（美）迈克尔·库博著 ；邵笛，胡一可，宋睿琦译．-- 南京 ：江苏凤凰科学技术出版社，2022.3
ISBN 978-7-5713-1570-2

Ⅰ．①装… Ⅱ．①法… ②迈… ③邵… ④胡… ⑤宋… Ⅲ．①建筑装饰－研究 Ⅳ．①TU238

中国版本图书馆CIP数据核字(2020)第237893号

装饰的功能

著　　者　[英国]法西德·穆萨维　[美国]迈克尔·库博
译　　者　邵　笛　胡一可　宋睿琦
审　　校　肖礼斌
项目策划　凤凰空间/陈　景
责任编辑　赵　研　刘屹立
特约编辑　陈　景

出版发行　江苏凤凰科学技术出版社
出版社地址　南京市湖南路1号A楼，邮编：210009
出版社网址　http://www.pspress.cn
总　经　销　天津凤凰空间文化传媒有限公司
总经销网址　http://www.ifengspace.cn
印　　刷　北京博海升彩色印刷有限公司

开　　本　710 mm×1 000 mm　1 / 16
印　　张　12
插　　页　4
字　　数　115 000
版　　次　2022年3月第1版
印　　次　2022年3月第1次印刷

标准书号　ISBN 978-7-5713-1570-2
定　　价　138.00元（精）

装饰的功能

法西德 · 穆萨维

建筑需要一种机制，使其与文化产生联系。获取这种机制需要不断地找到作用力，以把社会塑造为可资利用的素材（material）。因此，建筑的素材属性是复合的，由可见的和不可见的作用力组成。建筑的进步因新的概念而出现，新的概念使建筑与这种素材产生联系，并在新的美学构成及效果中表现建筑的发展。正是这些新的效果，使我们能够以新的方式与城市始终关联在一起。

历史上，人们对建筑的美学构成开展过多种多样的探索。20 世纪，现代主义使用透明性实现建筑元素——空间、结构和布局的“直接”表达。然而近代以来，简单易懂的透明性逐渐过时，开始兴起有关建筑表达的讨论。后现代主义的修饰，和解构主义的几何拼贴，作为风格，取代了透明性。但是，风格无法简单地随着文化的变化而进行调整。

目前，许多条件要求我们重新评估先前的构建建筑表达的工具。这包括越来越多的“空白”建筑类型。百货公司、购物中心、电影院、图书馆和博物馆不需要内部和外部之间的任何关联。

当代技术及人们对密闭和受控环境的需求，使更大的服务空间、厂房、储藏空间和服务用房成为必需，从而增加了这些建筑的规模。此外，建筑师的角色趋向于专业化的外壳设计，而室内设计任务留给其他设计师。投机性的楼盘尤其如此，因为项目初始阶段并不知道用户是谁。而为提高能源效率而实施的新环境法规也使这一问题进一步凸显。玻璃自身无法提供有效的环境控制水平，需要通过分层或提供增强隔热性能的不透明区域来提高水平。这改变了玻璃在建筑中的使用方式，即纯粹的透明性无法产生建筑表达。在所有这些情况中，建筑师必须有效地赋予建筑一个既独立于内部又有益于都市环境的表达。建筑师的角色不再局限于整个建筑骨架，而是可以在不同的深度上，发挥内部和外部之间的协同作用，从外围护的表面起，贯穿于整个骨架。

这从根本上改变了建筑物的表达。从内部表现中解放出来后，建筑师的机会就是找到建筑可与城市环境产生关联的工具。显然，在多元文化和日益国际化的社会中，符号化的沟通更难实施，因为人们很难就符号或图标达成共识。表征性（representation）的工具较少间接表达，无法与文化产生融合。

装饰的随时性：修饰与沟通

沟通随时代的发展而衍变。建筑室内外的关系是多样的，从古罗马的填实空间（poché space）到巴洛克的戏剧效果，从戈特弗里德·森佩尔的装饰理论到阿道夫·路斯的反对装饰，不一而足。对森佩尔而言，建筑功能和建筑结构的需求隶属于装饰的符号学与艺术学的诉求。相反，对于路斯而言，装饰即罪恶。在他看来，传统社会使用装饰，作为表现差异化的手段；现代社会无需强调个性，相反，要抑制它。因此，对于路斯而言，装饰失去了社会功能，已不再必要。[1]

现代主义带给建筑一种对透明性的痴迷。透明性旨在使建筑更加“真诚”，与资产阶级的装饰做法形成鲜明对比。建筑不再应该掩饰功能，反而是使其显现，并使城市及其建筑简明易懂。这种模式顺利主导了建筑和城市设计，直到 20 世纪 60 年代。

在随后的十年，对这种方法的批判逐渐形成。最初，罗伯特·文丘里和丹尼斯·斯科特·布朗谴责现代主义范式是愤世嫉俗且沉闷乏味的，并提出了用修饰[2]取代透明性。对他们而言，修饰帮助整合城市范围内的建筑，并在公众眼中赋予其意义。他们提议彻底打破建筑的功能性与表征性之间的关联，并把空间、结构与布局之间既相互抵触又相互表征的关系作为一种创造性因素。文丘里和斯科特·布朗认为，建筑师们试图从建筑的内在秩序生成表达，却忽视了能使建筑与更广大公众进行沟通的“现成的”文化表达方式。

然而，后现代主义迅速过时。在缺乏共同语言和理解体系的情况下，后现代主义提出的沟通方式无法被广大公众接受。先前遗留的建筑符号仍然依赖于特定的文化时刻或情境，无法在变化的环境下存续。如果建筑要与文化融合，则需建立一种机制，使文化源源不断地产生新的形象与概念，而不是循环利用现有的形象与概念。

装饰的必要性：效果和感觉

20 世纪的很多建筑通过感觉和效果的营造继续与文化保持高效的关联[3]。相似于齐格弗里德·克拉考尔的说法，即体育场内，装饰的体块化“给予特定素材以形式”[4]，这些建筑产生的效果似乎直接来自素材本身。它们从内在秩序建立表达，克服了使用一种共同语言进行“沟通”的需要，该共同语言的某些术语可能不再适用。这种方法反而使建筑表达保持了及时的弹性。

本书记录了建筑师在构建独特效果时所进行的一些试验。这些效果可能肇始于找到的图片或影像，作为原始的文化素材。然而，它们并非纯粹的消耗行为，而是通过分解和重组，以营造对新的体验形式保持开放的全新感受。正是用这种方法，它们与时代同步并致力于推动进步。它们通过直接的感觉进行操作，绕过了编纂语汇的过程，并能够跨越时间与空间。它们可能会产生间接的类比，但其主要目的是使当代文化中的不可见的作用力显现出来。例如，在探索将技术视为文化作用力的直接工艺时，近期用数据、图表及其他非表征性的方法做的试验都是有效的。

本书中的案例研究揭示了一种内置的秩序感，一种我们可用来检测自身体验的一致性。[5]不同于后现代主义对文化的象征性解读，文化的动态属性要求建筑每次都明确自己的立场，并形成内在的一致性。正是通过这些内在的秩序，建筑有能力履行与文化的关系，并建立起自己的评价体系。因此，这些秩序与从文化中剔除的“纯粹的建筑表现”无关，那是被后现代主义所贬损的。它们并非相关于纯粹性，而是一致性。宁愿被文化侵蚀，它们也不愿解除与文化间的关联。路易斯· 沙利文曾提出这样一种需要，即在建筑表达方面的一致性和有机性。[6]沙利文的建筑就像这本书所记录的案例一样，正因为以有机性为出发点，装饰从素材组合中生长出来并与其密不可分。

装饰是从素材基质中呈现出来的图形，表达了根植于建造、装配和生长过程中的力量。素材借助装饰传递效果。因此，装饰是必要的，与物体不可分割。装饰并非一个用来创造特定意义（如后现代主义）的先验的面具，尽管它确实有助于产生随时或无意的含义（所有形式的特征）。它并非意在修饰，也没有隐藏的意义。在恰当的时机，装饰成为一个“空白符号”，能够产生无限的共鸣。

后现代主义所提倡的修饰(décor)与表征(representation),是一种从“可能”到“真实”的自我限制运动，无法创造任何新鲜事物，而装饰是与非表征思想和虚拟创意的实现相一致。装饰是随时的，产生“沟通”与相似性。装饰又是必要的，产生效果与共鸣。

图面效果

本书的研究旨在揭示装饰与建筑效果之间的内在联系。西格拉姆大厦将工字钢精确地固定在玻璃幕墙表面以构建垂直的效果。利口乐劳芬工厂仓库在外饰面上使用不同高度的条板以构建稳重的效果。普拉达青山店使用斜肋构架与精心挑选的凹面玻璃组合，使得外立面呈现绗缝的效果。瑞士再保险塔通过对角式通风系统、斜肋构架和两种玻璃颜色，赋予形体以螺旋的效果。这些具体的决定没有一项对于建筑内部的运转是至关重要的，但它们对城市景观中触发的效果是必不可少的。熔料玻璃（frits）、激光切割板材、玻璃管、波纹底板、穿孔板、复杂瓷砖 (complex tilings) 和结构图案 (structural patterns) 是我们当代装饰的一些例子。

初始研究阶段我们发现，本书的案例惯常地以两种截然相反的方式呈现给读者。一个极端是花哨的建筑杂志上印有精美的照片，它们展示了建筑创造的效果，却没有解释效果产生的原因。另一个极端是高深的杂志上详细记录了建筑的建造过程，却很少解释导致特定选择或产生效果的动机。此项研究的图解方法旨在填补建筑的建造（the construction of buildings）与效果的产生（the production of affects）之间的空白，通过将两者既作为一个无缝整体，又作为两个相关领域来探讨。

每个案例在四个页面、两个跨页版面进行讨论。第一个跨页版面用于展示效果，第二个跨页版面着重讨论用于构建该效果的素材。每个案例中，“剖透视”用来揭示素材和效果的关系。

我们把案例按以下三种方式进行分类：

第一种基于深度（depth）分类。即把建筑的构成要素从最深到最浅进行排序：形体（form）、结构（structure）、隔层（screen）和表皮（surface）。装饰可以由多种方式与深度产生联系。它可以作用于整个形体，作用于承重结构，或者利用外覆盖层的截面深度。“形体”类别包括的那些建筑，用整体组织架构来塑造最终表达方式。“结构”类别包括使用承重结构的那些案例。“隔层”类别包括的那些案例，通过在内部和外部之间插入隔层，保持内部的一些可见性。“表皮”类别包括的那些案例，添加完全独立于建筑内部的表皮。

第二种基于素材（material）分类，从最内在的本质，到内部容纳之物（如功能布局），再到最外在的表象（如品牌）。这揭示了建筑的素材属性包括可见的和不可见的作用力。素材的运用会响应这些作用力，以构成装饰。

第三种基于效果（affect）分类。深度（形体、结构、隔层和表皮）与某种特定的素材（如布局、图像或颜色）之间相互作用，产生了装饰（例如复杂瓷砖、多孔板或结构图案），装饰把独特的效果传递到每个案例中。

此项研究揭示了一些倾向：

工厂和零售业的类型大多分布在“表皮”深度类别中。IBM 研究中心、APLIX 工厂、利口乐米卢斯工厂都是厂房，由于其内部和外部需要彻底分开，利用其表皮的微观深度产生独特的效果。

高层塔楼主要分布在“形体”和“结构”深度类别中。沙利文指出，高层塔楼需要内在的表达[7]，与之相同的是，马利纳城公寓的垂直凹槽；胶囊公寓的积聚效果；瑞士再保险塔的螺旋上升感；约翰逊制蜡公司大楼的带状线条；西格拉姆大厦的垂直装饰。

素材可以凭借它创造的装饰产生不同的效果。同一时期的兰伯特银行总部大楼和贝内克古籍善本图书馆，皆出自 SOM 建筑师戈登 · 邦夏之手，两者在外观上有相似的“网格”构造体系。兰伯特银行总部把结构体系放置在围护体系的外面，后置的玻璃和暴露的铸造结构构件产生定向收分的格子，作为装饰，强调“网格”的效果。贝内克古籍善本图书馆用花岗岩外壳和大理石板包裹结构构件，构造出一个半透明的盒子，作为装饰，体现出纹理的效果。两种不同的效果，传递自两种不同的装饰，生成于两种不同的工序。

新的生产体系为差异化和定制提供了可能性。通过对“结构”、“隔层”和“表皮”章节中图案的研究，我们探讨了这些可能性。这些可能性在每个案例所产生的效果各异。日本爱知县世博会西班牙馆是基于几何形瓷砖而建造的模块式建筑。英国伦敦约翰 · 路易斯百货商场是基于一个简单的方形贴片边缘图案的无缝衔接（很像埃舍尔图形）。澳大利亚墨尔本联邦广场大厅基于规则的二维几何图形，被一系列三维突出物所混淆和掩盖。英国伦敦蛇形画廊基于一个规则的算法，产生了一个随后被裁剪的不规则的图案。

差异化是一种当代的效果，通过不同素材，在多个案例中，被反复探索。这些素材包括图像模式的平铺、上色、分层和马赛克化……

本书四个章节中的案例，展现了从历史到当代的发展历程，其中建于 1990 年之前的：“形体”章节中 6 个案例有 4 个（67%）；“结构”章节中 9 个占了 6 个（66%）；“隔层”章节中 16 个占了 4 个（25%）；“表皮”章节中 11 个占了 3 个（27%）。这揭示了每一时期的特定重点——现代主义（modernism）时期注重形体和结构的表达，而当代（contemporary）的例子更多是隔层（特别是隔层）和表皮。隔层类别的案例比其他类别多，也许是因为它最贴近当代环境，在当代环境中，建筑师负责建筑的一个较小的深度。“隔层”可能是当前构建表达方式最现代的类别。

本文参考文献

1 Gottfried Semper, "The Four Elements of Architecture: A Contribution to the Comparative Study of Architecture,"in *The Four Elements of Architecture and Other Writings* (Cambridge: Cambridge University Press, 1989), and Adolf Loos,"Ornament and Crime," in *Ornament and Crime: Selected Essays* (California: Ariadne Press, 1997).

2 Robert Venturi, Denise Scott Brown, and Steven Izenour, *Learning from Las Vegas: The Forgotten Symbolism of Architectural Form* (Cambridge: MIT Press, 1972).

3 Gilles Deleuze, Félix Guattari, *What is Philosophy?* (New York: Columbia University Press, 1994), esp. Chapter 7, "Percept, Affect, and Concept," pp. 163-200; Gilles Deleuze,Francis Bacon, *The Logic of Sensation*, trans. Daniel W. Smith (Minneapolis: University of Minnesota Press, 2003), esp. Chapter 13, "Analogy," pp. 91-99.

4 Sigfried Kracauer, "The Mass Ornament," in Kracauer, *The Mass Ornament: Weimar Essays,* trans. Thomas Y. Levin (Cambridge: Harvard University Press, 1995), p. 79.

5 E. H. Gombrich, *The Sense of Order: A Study in the Psychology of Decorative Art* (New York: Phaidon, 1984).

6 Louis H. Sullivan, "Ornament in Architecture," in *Kindergarten Chats and Other Writings* (New York: George Wittenborn & Co., 1947).

7 Louis H. Sullivan, "The Tall Building Artistically Considered," in *Kindergarten Chats and Other Writings* (New York: George Wittenborn & Co., 1947).

目录

第一章 形体

01 凹槽

02 聚集

03 螺旋

04 条带

05 去物质化

06 不确定形

项目	建筑师	完工时间	坐落地点	
马利纳城公寓（玉米大楼）	贝特朗 · 戈德堡	1964 年	美国 芝加哥	**01**

马利纳城公寓（玉米大楼）营造出凹槽的效果，借由在视觉上统一两种完全不同组织的平面布局：倾斜的停车坡道和平坦的公寓楼面。底部螺旋上升的停车楼层，上部放射状公寓突出的阳台以及连续的凹槽形边拱结构，共同形成了一个巨型凹槽柱。

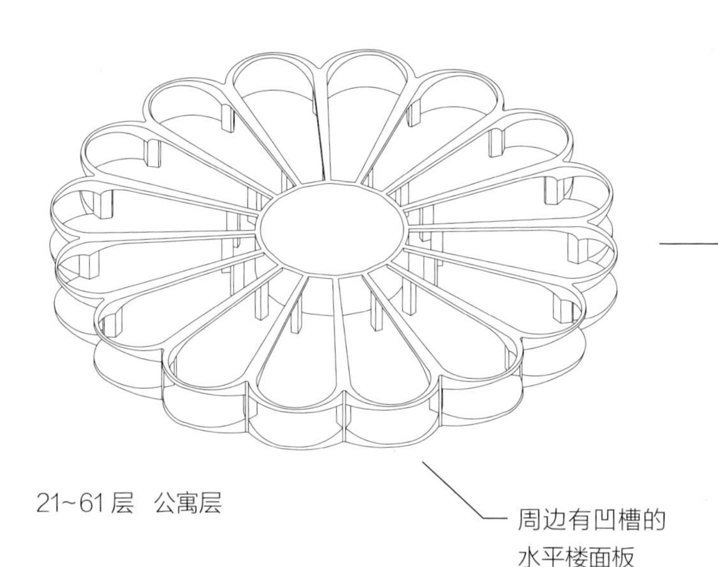

21~61 层 公寓层

周边有凹槽的水平楼面板

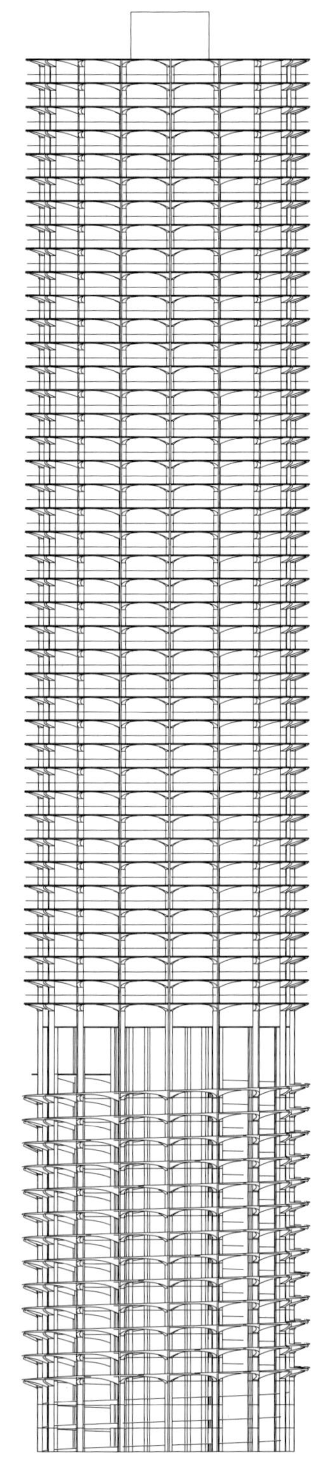

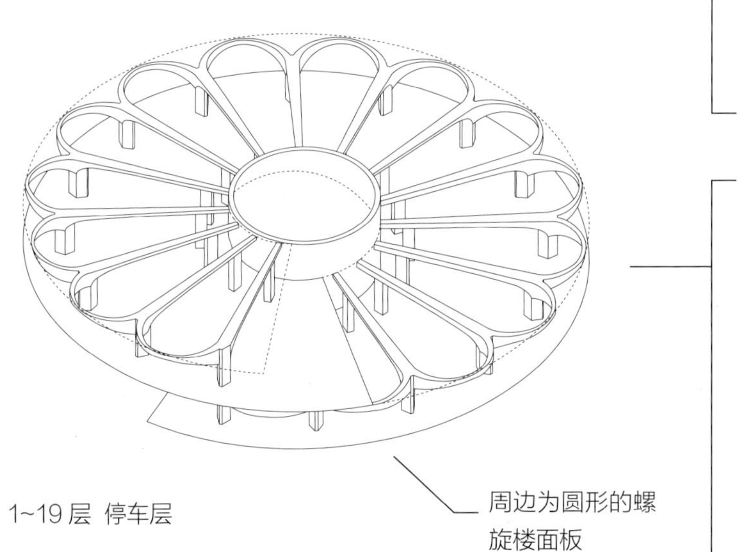

1~19 层 停车层

周边为圆形的螺旋楼面板

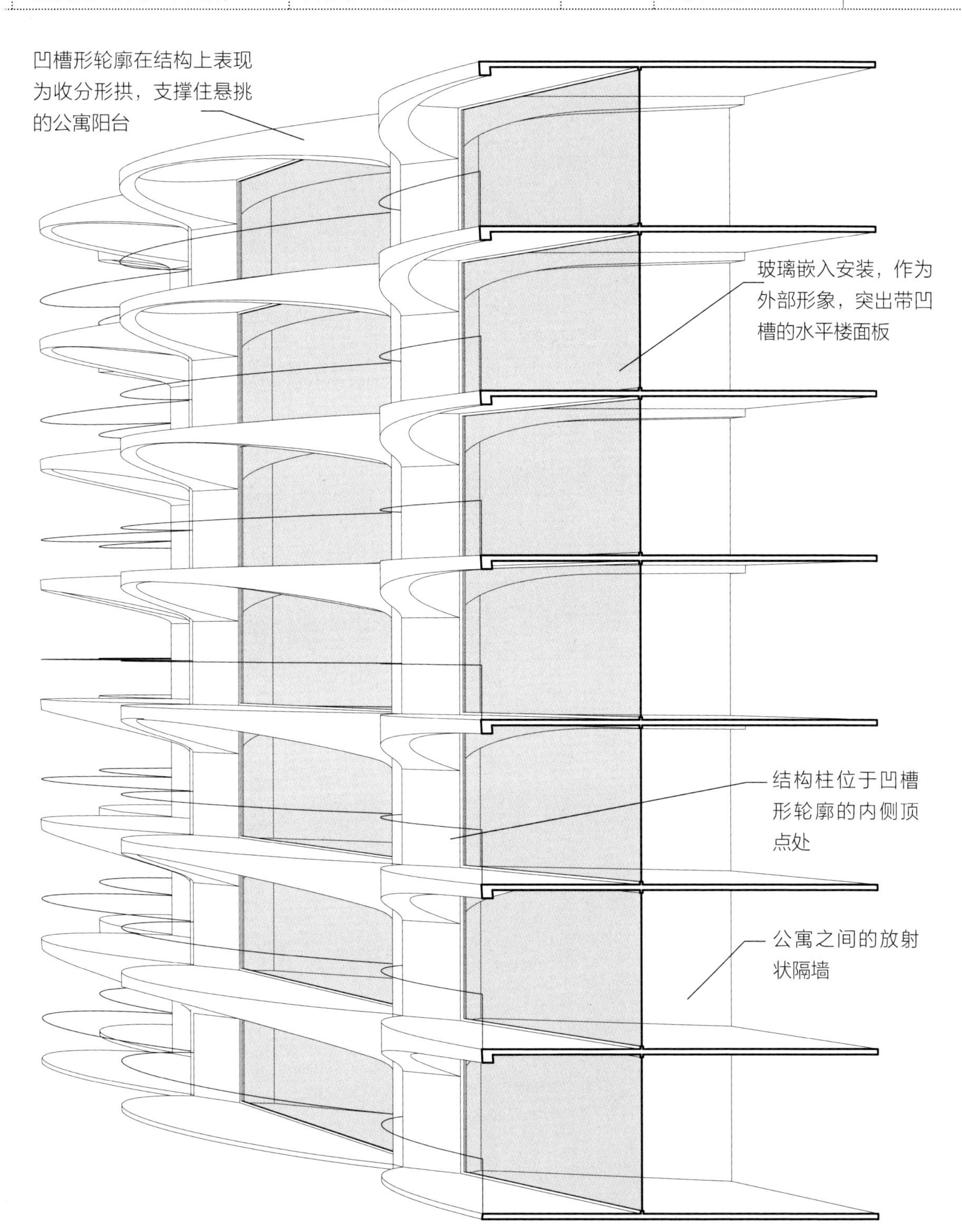
凹槽形轮廓在结构上表现为收分形拱，支撑住悬挑的公寓阳台
玻璃嵌入安装，作为外部形象，突出带凹槽的水平楼面板
结构柱位于凹槽形轮廓的内侧顶点处
公寓之间的放射状隔墙

项目	建筑师	完工时间	坐落地点	
胶囊公寓（中银舱体大楼）	黑川纪章	1972 年	日本 东京	**02**

胶囊公寓（中银舱体大楼）运用旅馆布局单元来形成聚集的效果。房间被设计成胶囊状，以适应控制模块，允许不同配置的胶囊围绕着核心筒，生成单元们的三维组合，以助于整体的动态聚集。

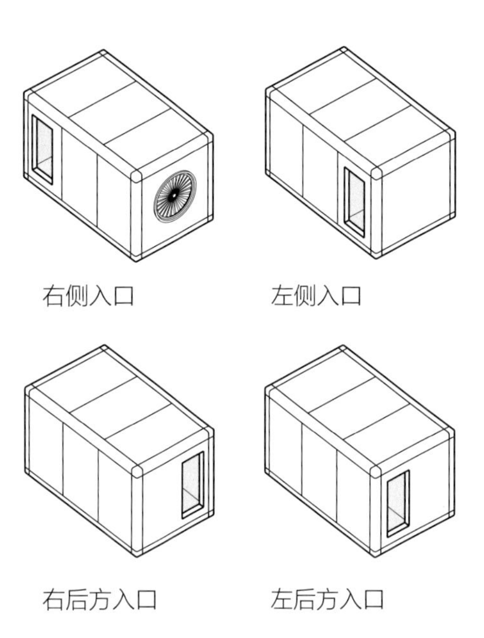

右侧入口　　左侧入口

右后方入口　　左后方入口

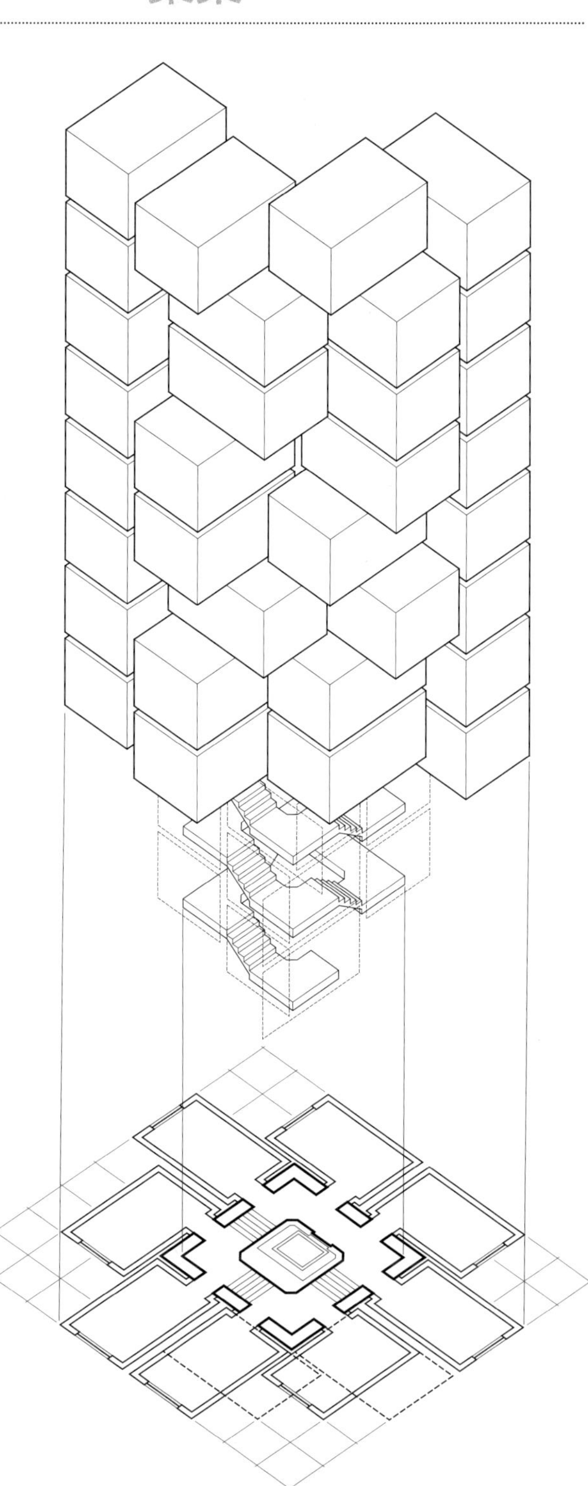

“睡眠胶囊”有四种配置——两种后方出入模式和两种侧面出入模式——均可从不同方向通往内核，单元之间在平面上交错出 1/3 或 2/3 的偏移量。胶囊尺寸控制在三维网格里：其高度和宽度均为长度的 2/3。

“睡眠胶囊”的竖向定位同样由楼梯核心筒的平台决定。围绕电梯井的三跑楼梯完成了一个完整的回转，与平面偏移量一致，相邻胶囊剖面上依然偏移出 1/3。

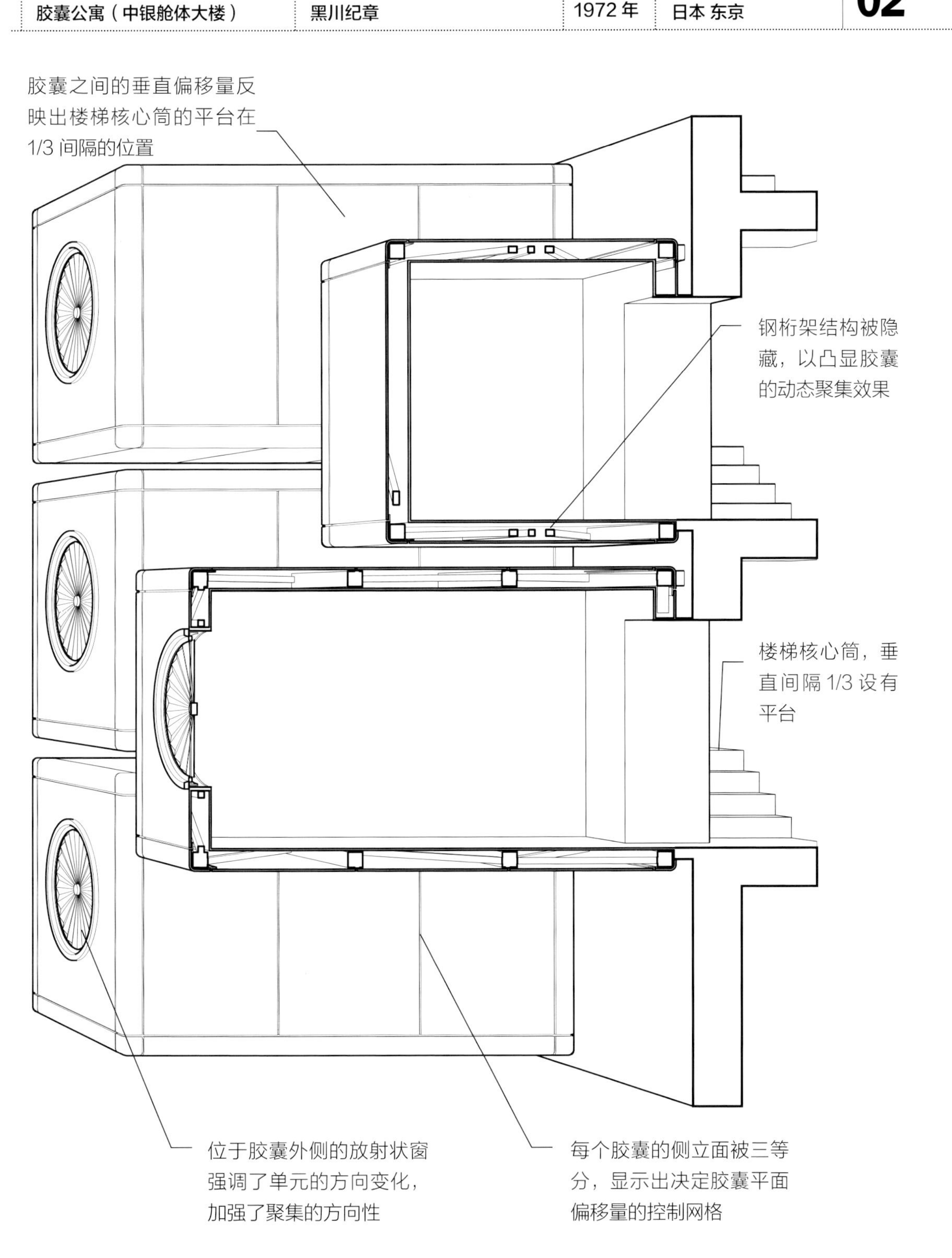
胶囊之间的垂直偏移量反映出楼梯核心筒的平台在1/3 间隔的位置
钢桁架结构被隐藏，以凸显胶囊的动态聚集效果
楼梯核心筒，垂直间隔 1/3 设有平台
位于胶囊外侧的放射状窗强调了单元的方向变化，加强了聚集的方向性
每个胶囊的侧立面被三等分，显示出决定胶囊平面偏移量的控制网格

瑞士再保险塔（绰号小黄瓜）通过圆锥造型（此轮廓大幅降低了建筑风荷载）和精确旋转穿过建筑底板的结构性斜肋构架营造螺旋上升感。扭曲的斜交网格构件的效果属性，结合塔的曲率，以增加静态物体的旋转和动感。

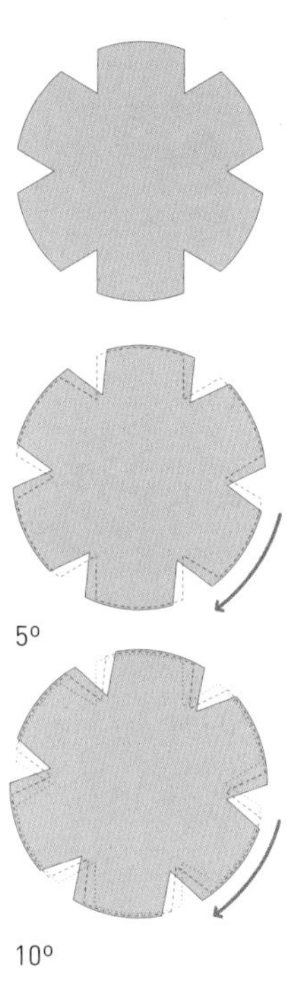

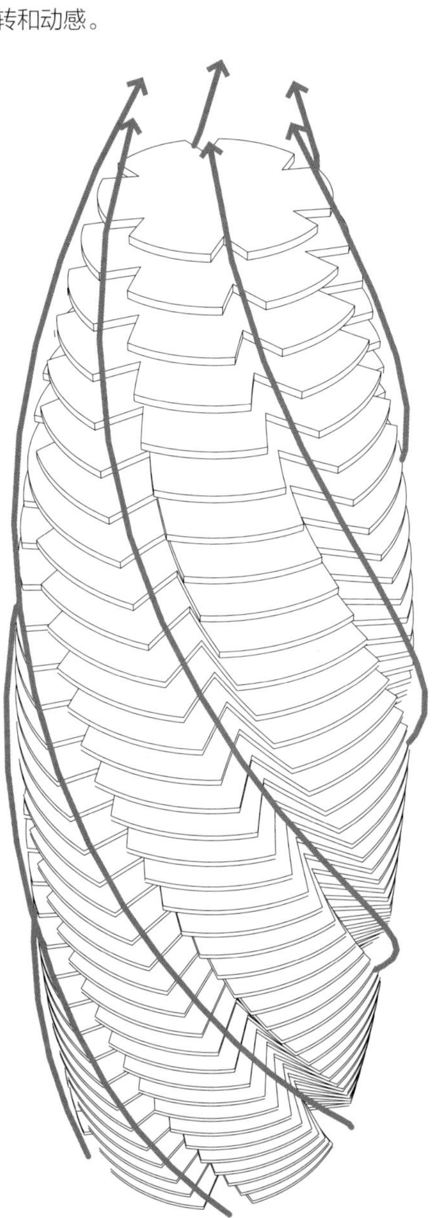

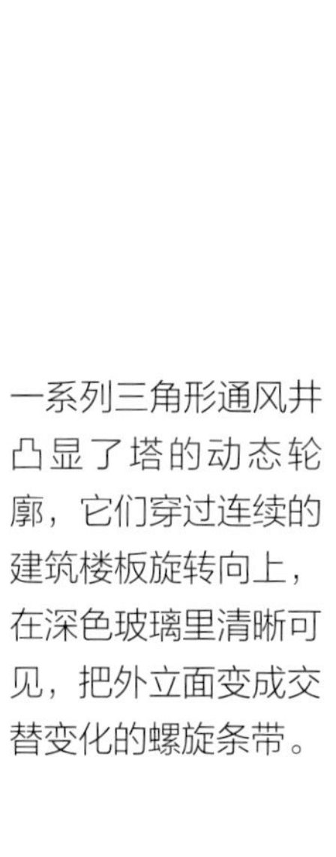

一系列三角形通风井凸显了塔的动态轮廓，它们穿过连续的建筑楼板旋转向上，在深色玻璃里清晰可见，把外立面变成交替变化的螺旋条带。

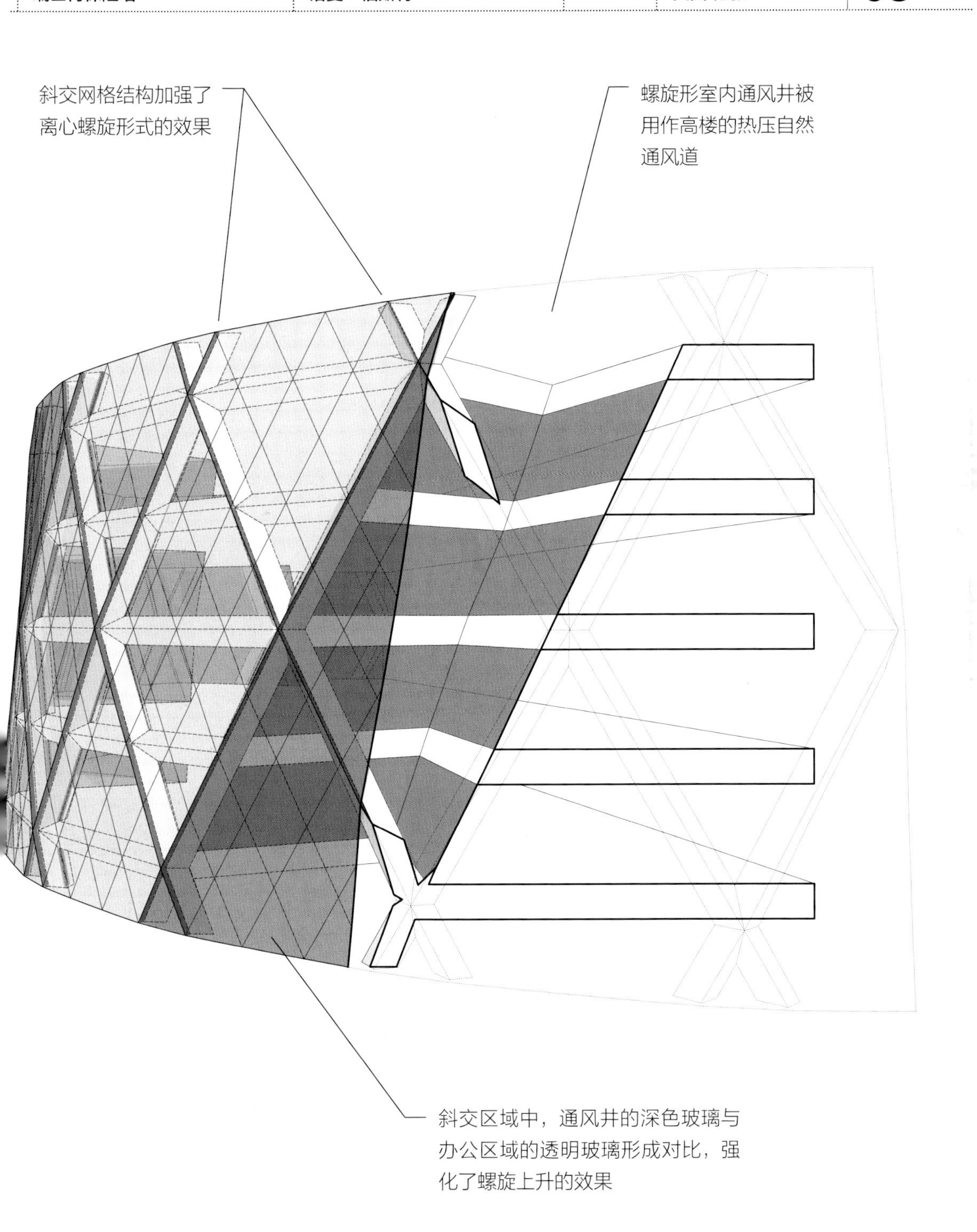
斜交网格结构加强了
离心螺旋形式的效果
螺旋形室内通风井被
用作高楼的热压自然
通风道
斜交区域中，通风井的深色玻璃与
办公区域的透明玻璃形成对比，强
化了螺旋上升的效果

项目	建筑师	完工时间	坐落地点	04
约翰逊制蜡公司大楼	弗兰克·劳埃德·赖特	1950 年	美国 拉辛	

约翰逊制蜡公司大楼内，两层高的水平玻璃管的条带取代了办公大楼的传统条窗，并充当室内外的滤光器。再加上楼层和夹层在剖面上的交替模式，以及其轮廓的圆角，这就是条带柱的效果，室内的情况，在外面，得到模糊不清的显现。

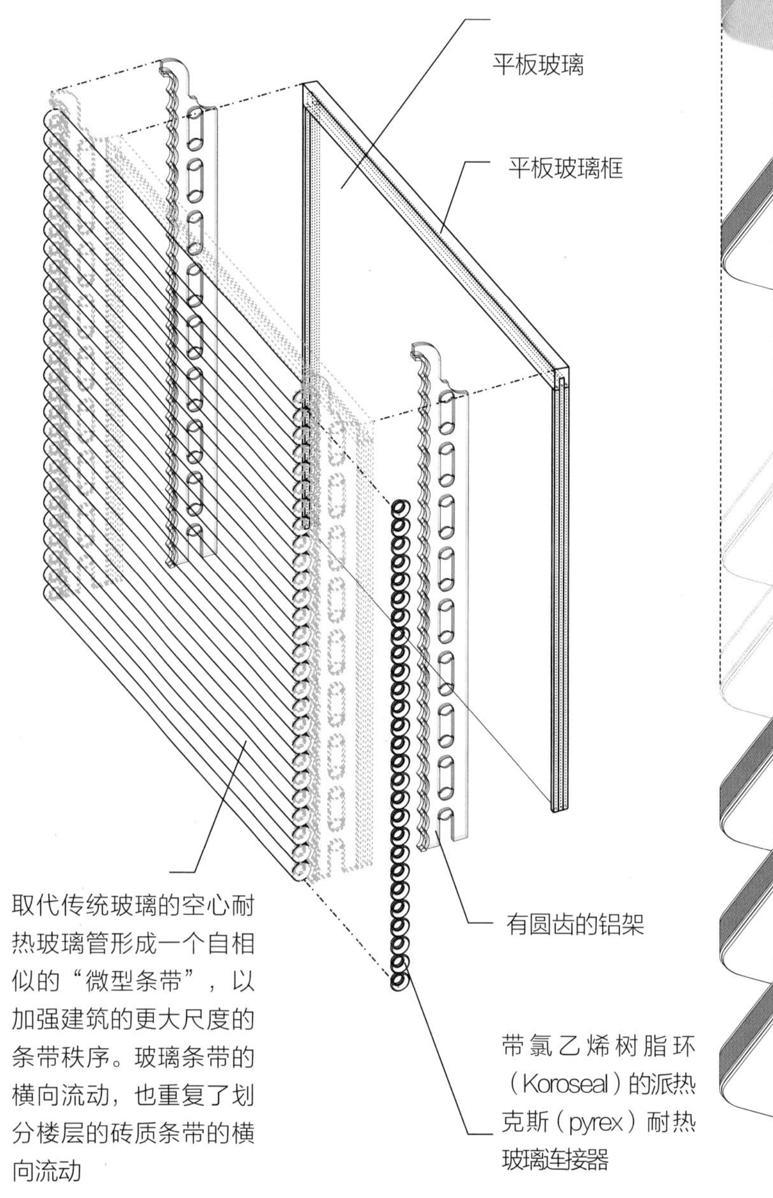

取代传统玻璃的空心耐热玻璃管形成一个自相似的“微型条带”，以加强建筑的更大尺度的条带秩序。玻璃条带的横向流动，也重复了划分楼层的砖质条带的横向流动

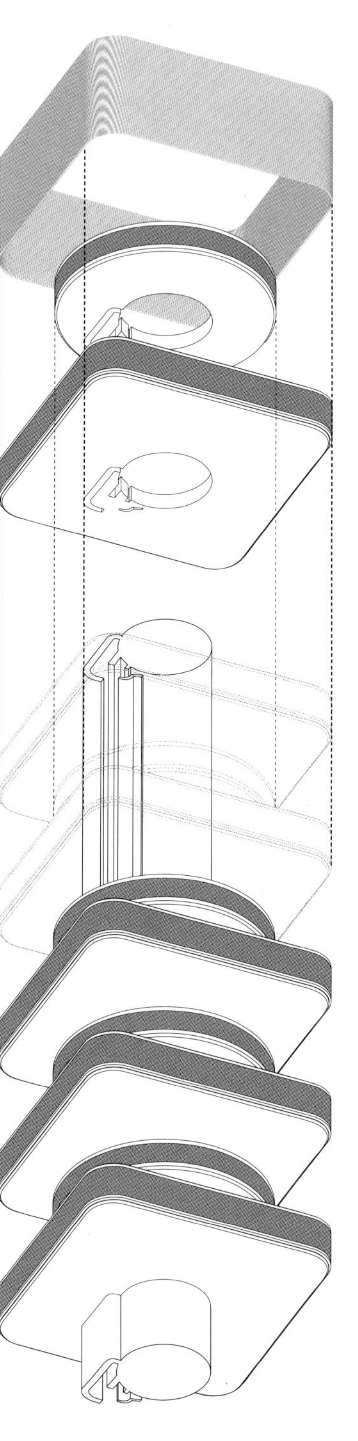

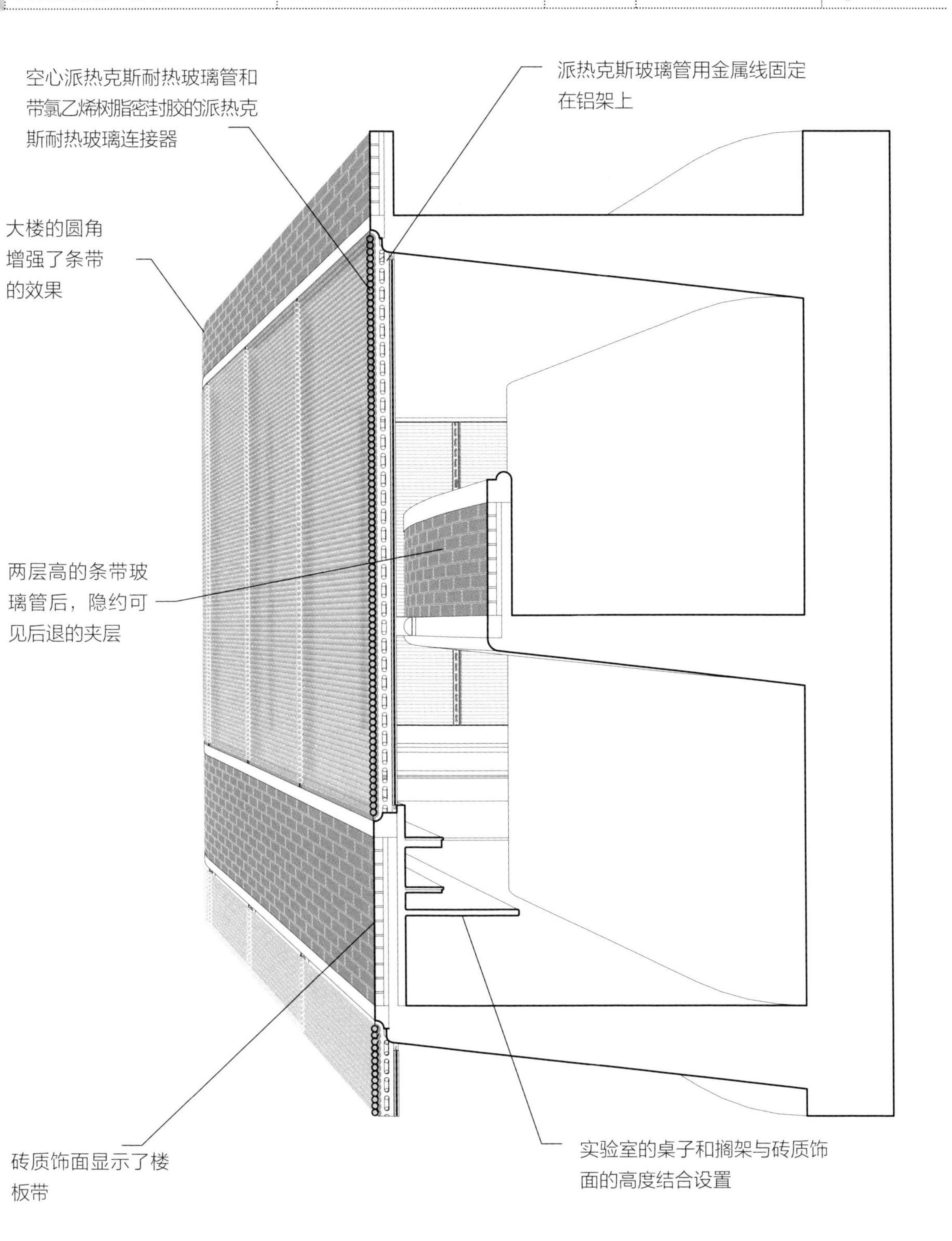
空心派热克斯耐热玻璃管和带氯乙烯树脂密封胶的派热克斯耐热玻璃连接器
派热克斯玻璃管用金属线固定在铝架上
大楼的圆角增强了条带的效果
两层高的条带玻璃管后，隐约可见后退的夹层
砖质饰面显示了楼板带
实验室的桌子和搁架与砖质饰面的高度结合设置

项目	建筑师	完工时间	坐落地点	
横滨风之塔	**伊东丰雄**	1987 年	**日本 横滨**	**05**

横滨风之塔通过把现有的冷却塔包上灯光层：霓虹灯管、迷你灯及泛光灯等，反射在镜面亚克力板和穿孔铝板上，营造出“去物质化”的效果。照明效果随着塔周围的环境条件而变化，产生由转瞬即逝的灯光模式组成的去物质化的效果。

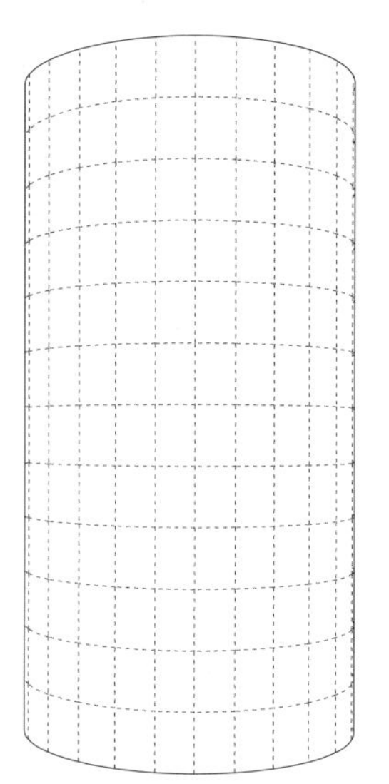

① 白天，风之塔可被视为一个素面的穿孔铝的体块。

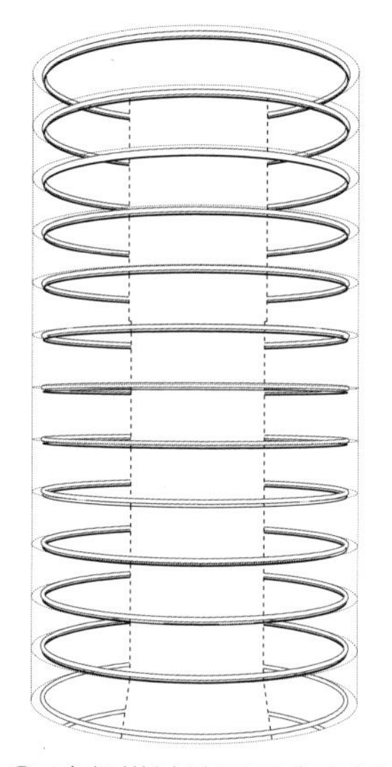

② 冷却塔被镜面亚克力板环绕覆盖后，人工照明效果倍增。

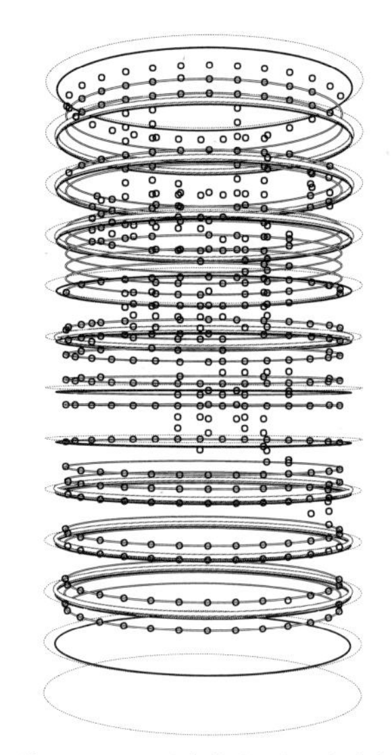

③ 1280 只迷你灯实时随着周围的噪声模式而变化。

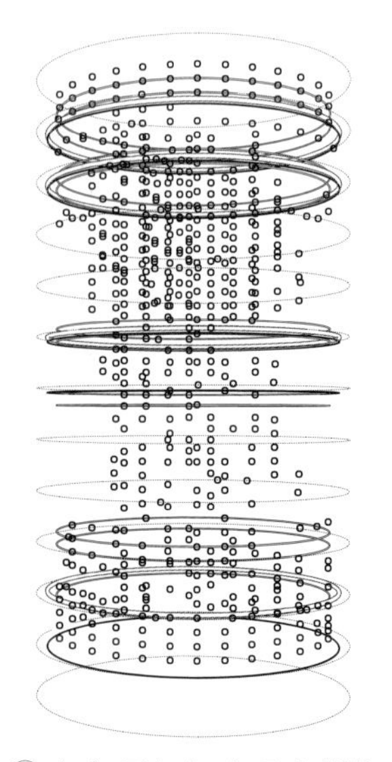

④ 白色霓虹灯光环定期指示时间；结构环形似漂浮在霓虹灯管周围。

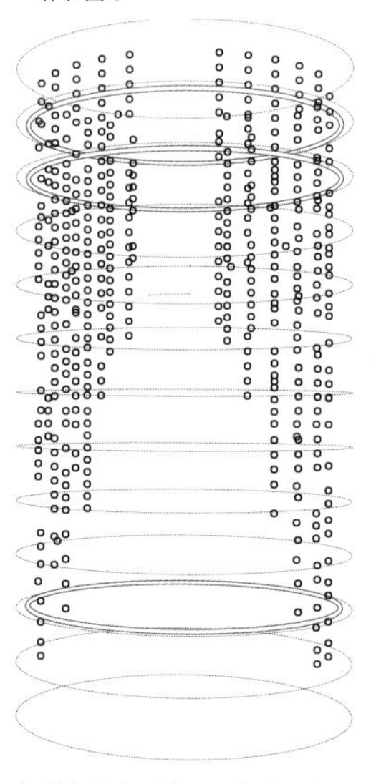

⑤ 风之塔底部的泛光灯由计算机控制，以营造更大尺度的照明效果。

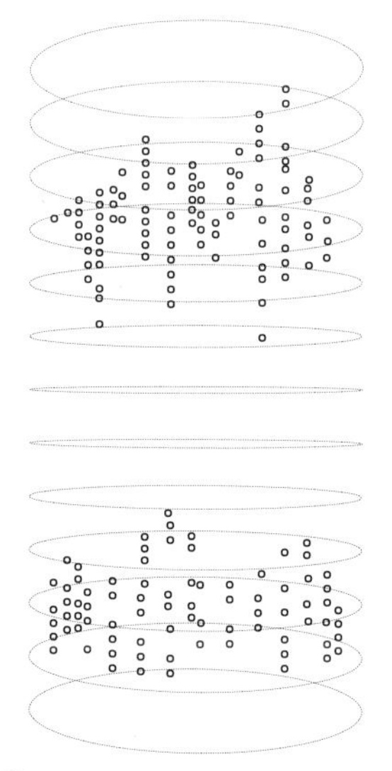

⑥ 夜晚，不同的灯光模式结合起来，产生去物质化的效果。

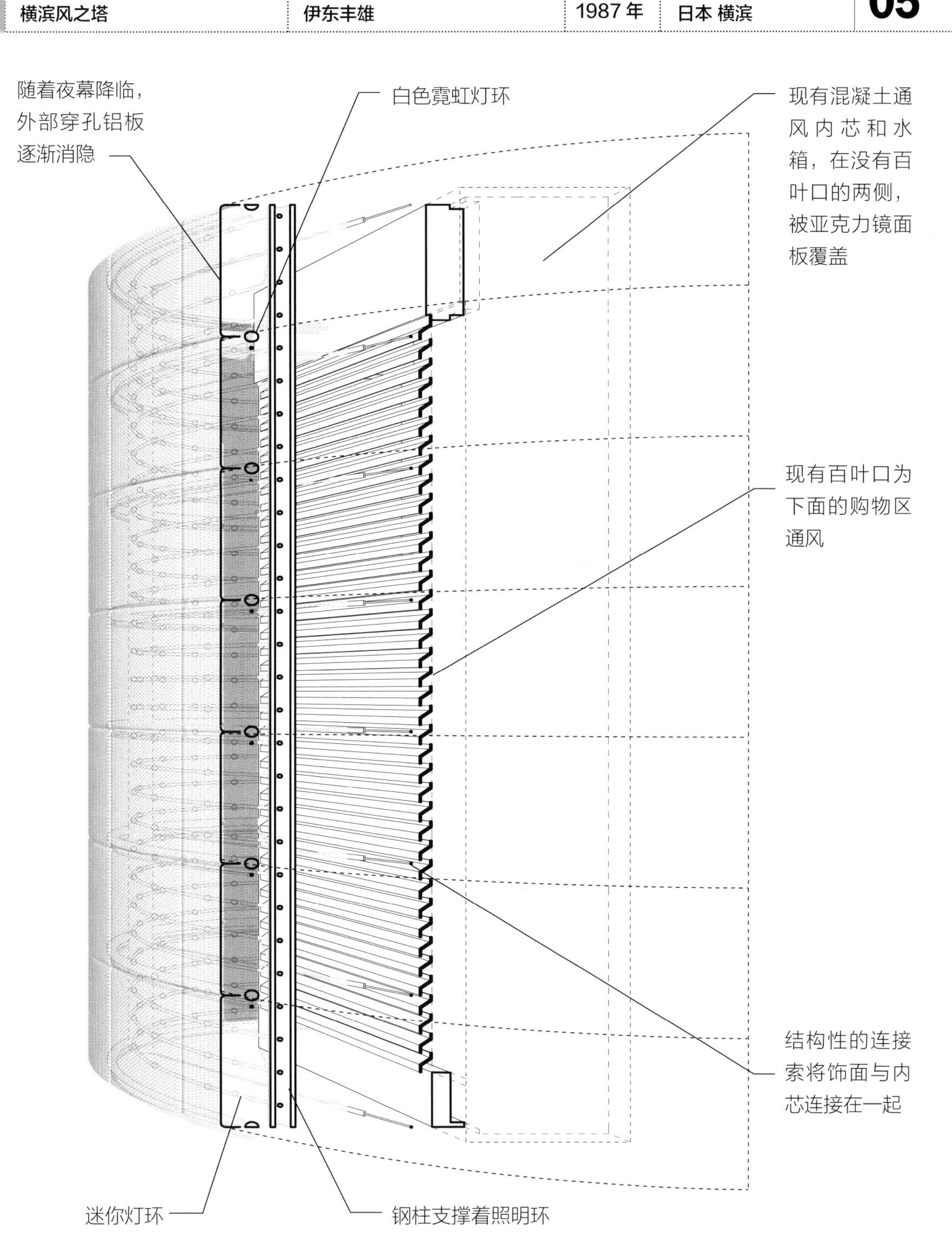

随着夜幕降临，外部穿孔铝板逐渐消隐
白色霓虹灯环
现有混凝土通风内芯和水箱，在没有百叶口的两侧，被亚克力镜面板覆盖
现有百叶口为下面的购物区通风
结构性的连接索将饰面与内芯连接在一起
迷你灯环
钢柱支撑着照明环

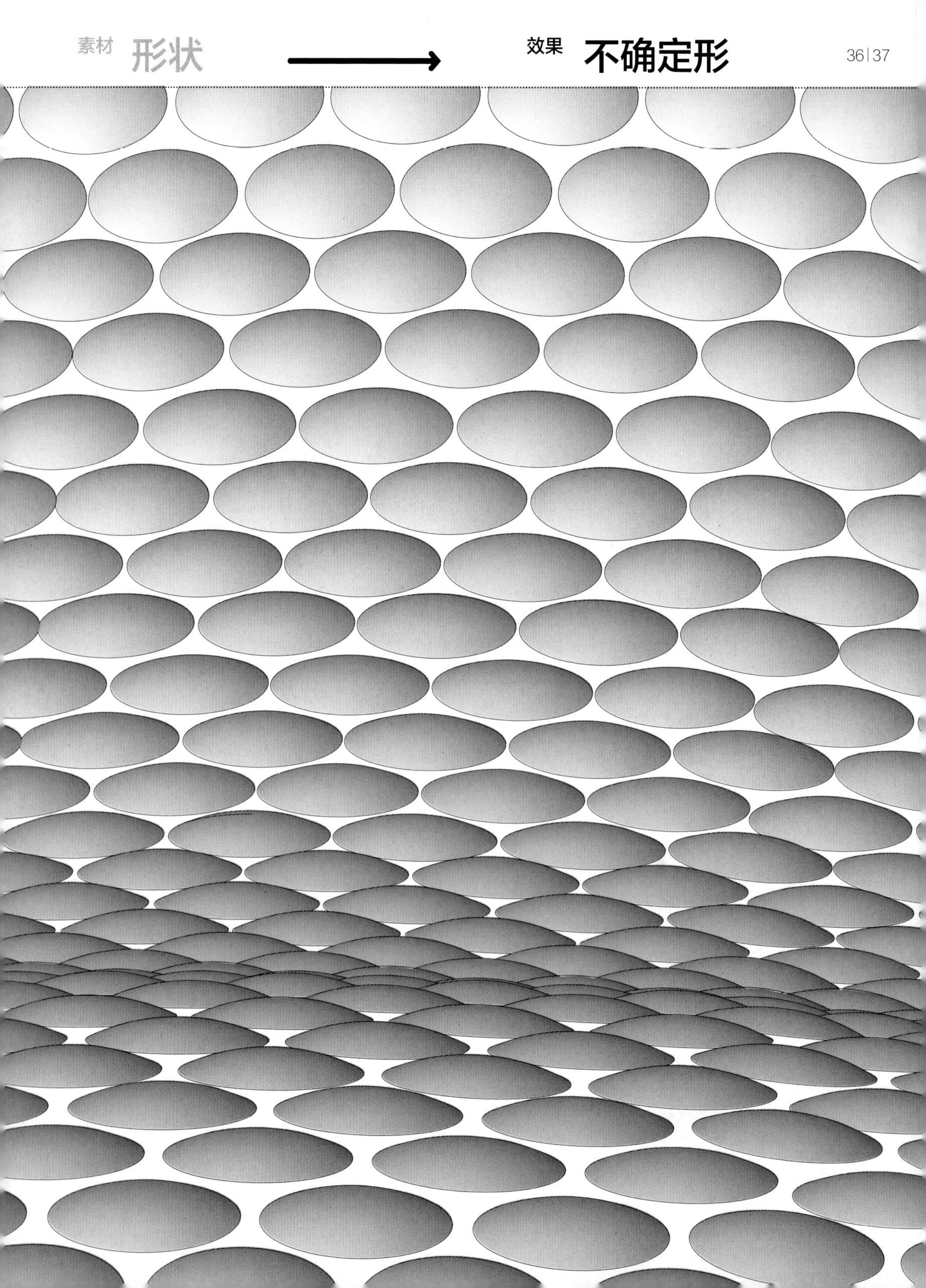

项目	建筑师	完工时间	坐落地点	
伯明翰塞尔福里奇百货公司	**Future Systems 建筑事务所**	**2003 年**	**英国 伯明翰**	**06**

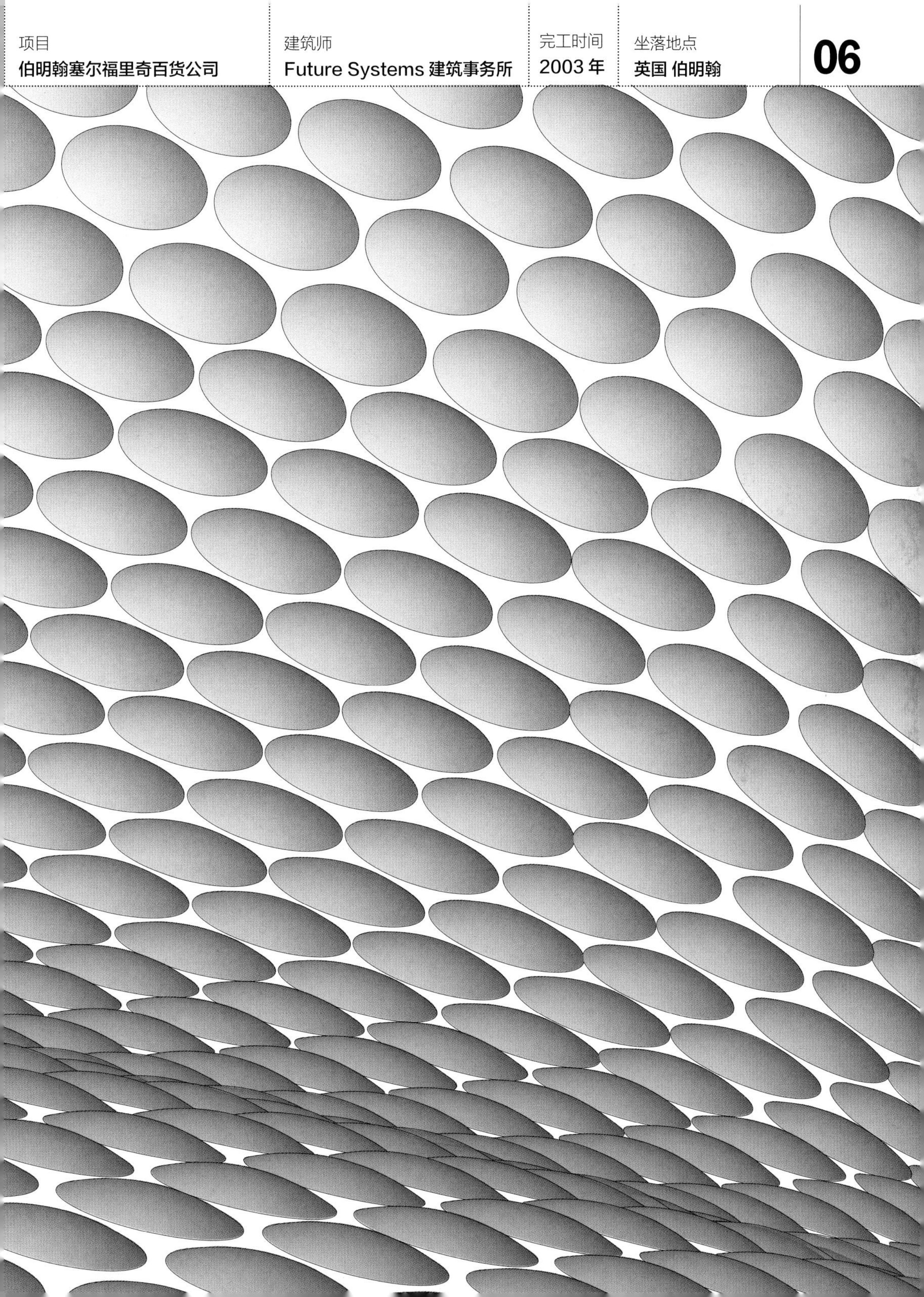

伯明翰塞尔福里奇百货公司将其外围护的曲线形状和均匀排布的贴面相结合，营造出不确定形的效果。阳极电镀的曲面铝盘排成矩阵，安装在双曲面混凝土外壳上，给百货公司的素面体块，提供了一个视觉的尺度。规则的贴面系统的动态组合适应了不规则的形状，在城市尺度上，创造了一个不确定形的反射物体。

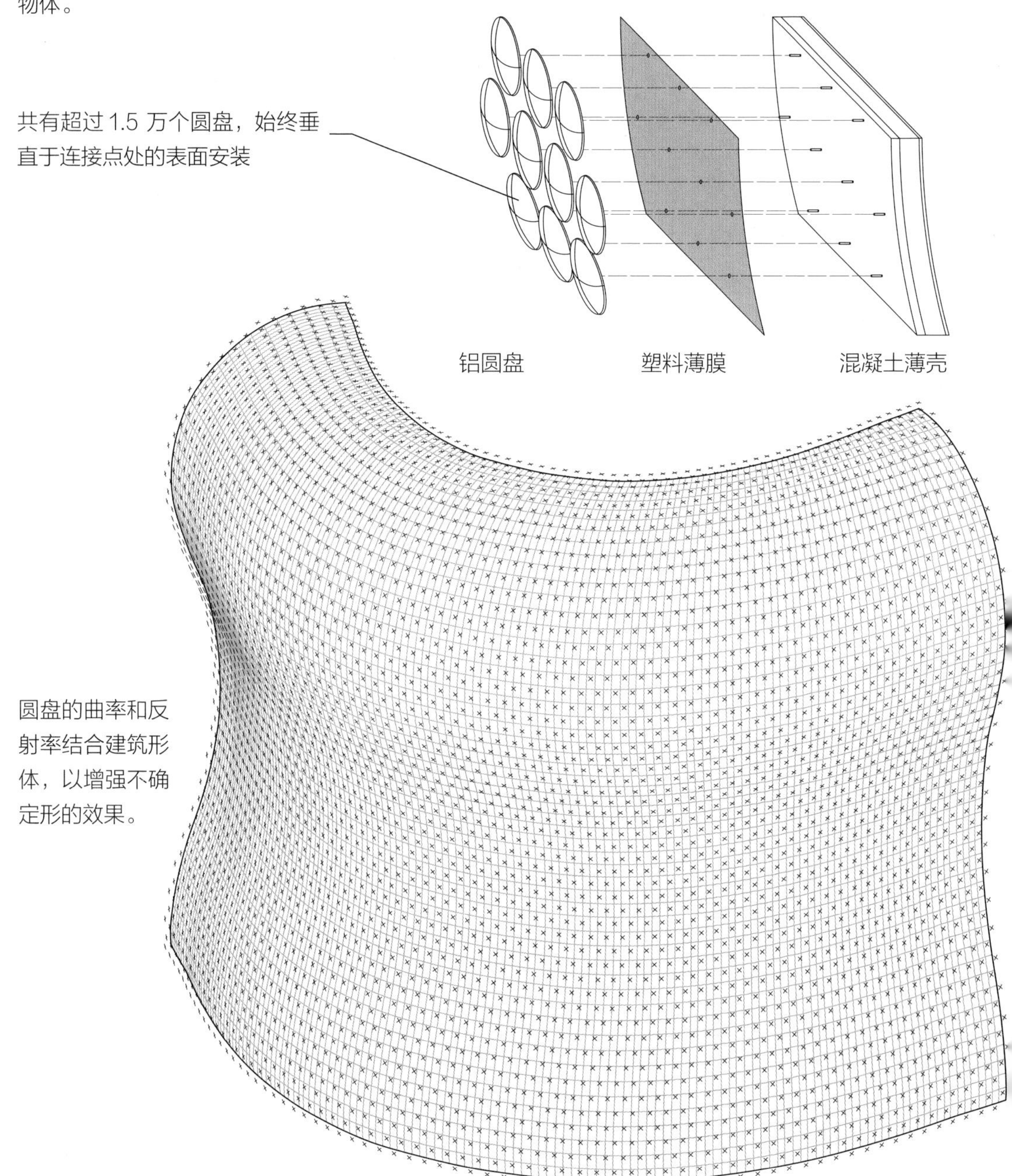

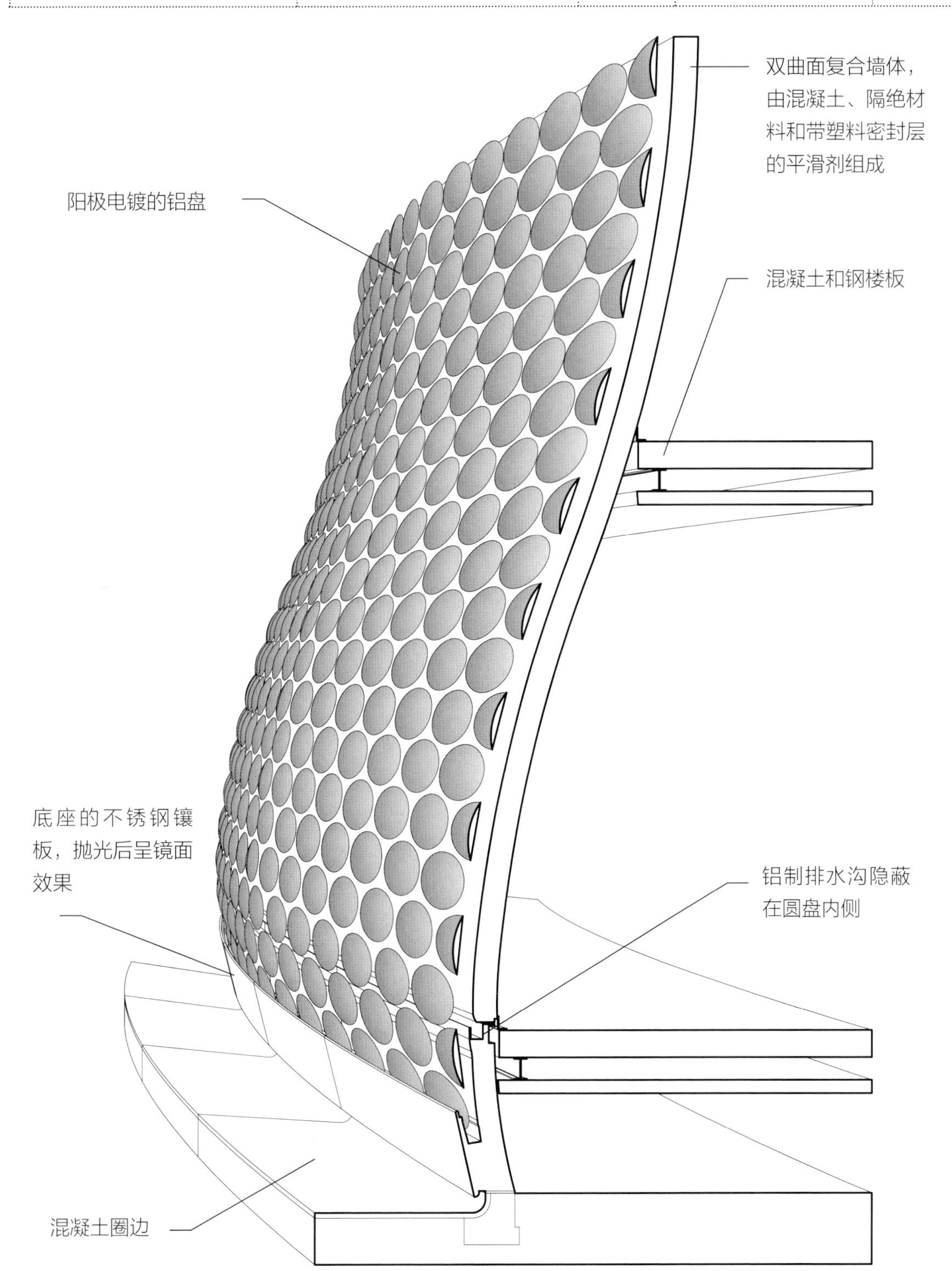
双曲面复合墙体，由混凝土、隔绝材料和带塑料密封层的平滑剂组成
阳极电镀的铝盘
混凝土和钢楼板
底座的不锈钢镶板，抛光后呈镜面效果
铝制排水沟隐蔽在圆盘内侧
混凝土圈边

第二章 结构

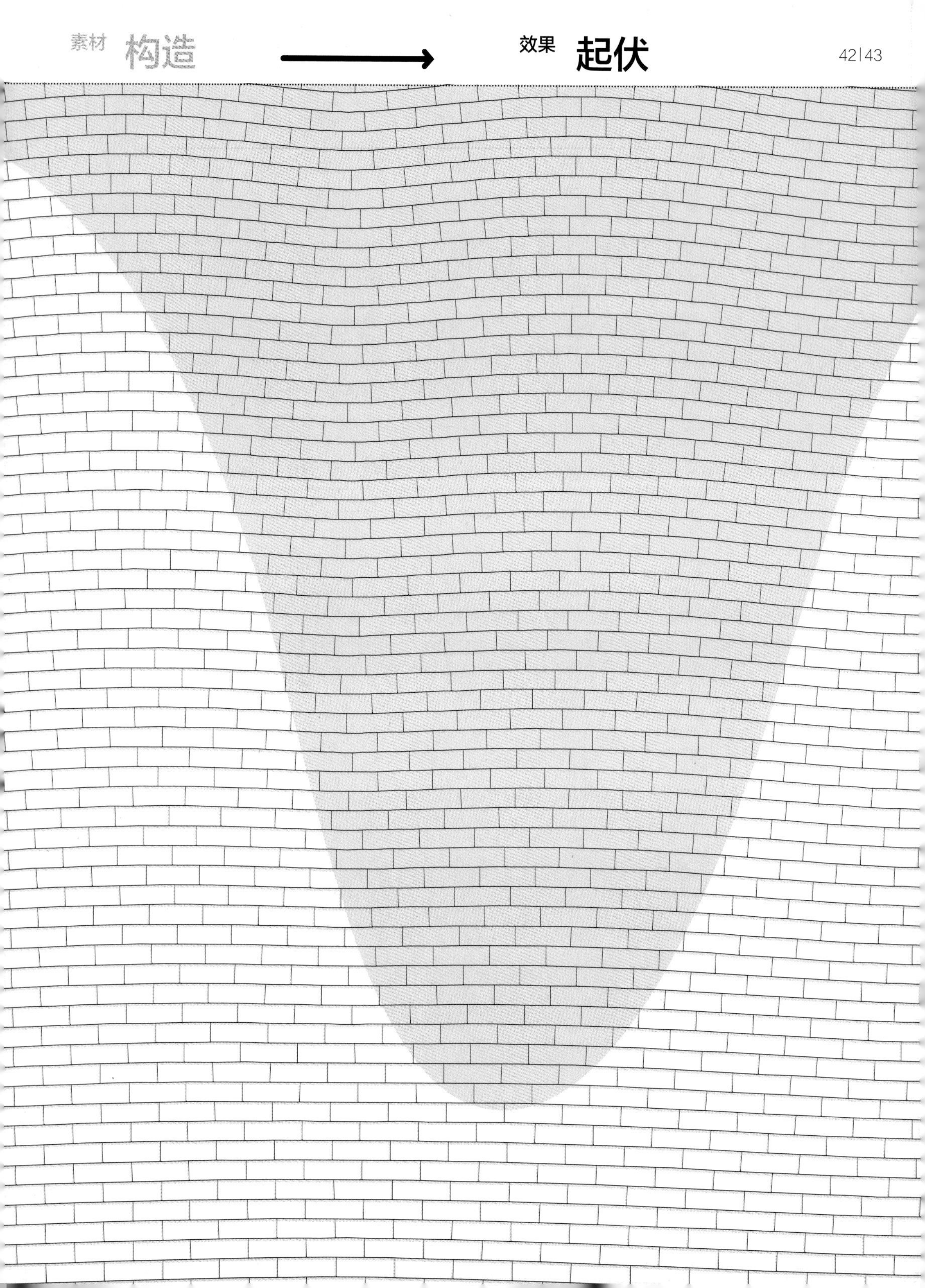

项目	建筑师	完工时间	坐落地点	07
工人基督教堂	**埃拉迪欧・迪斯特**	1960 年	**乌拉圭 阿特兰提达**	

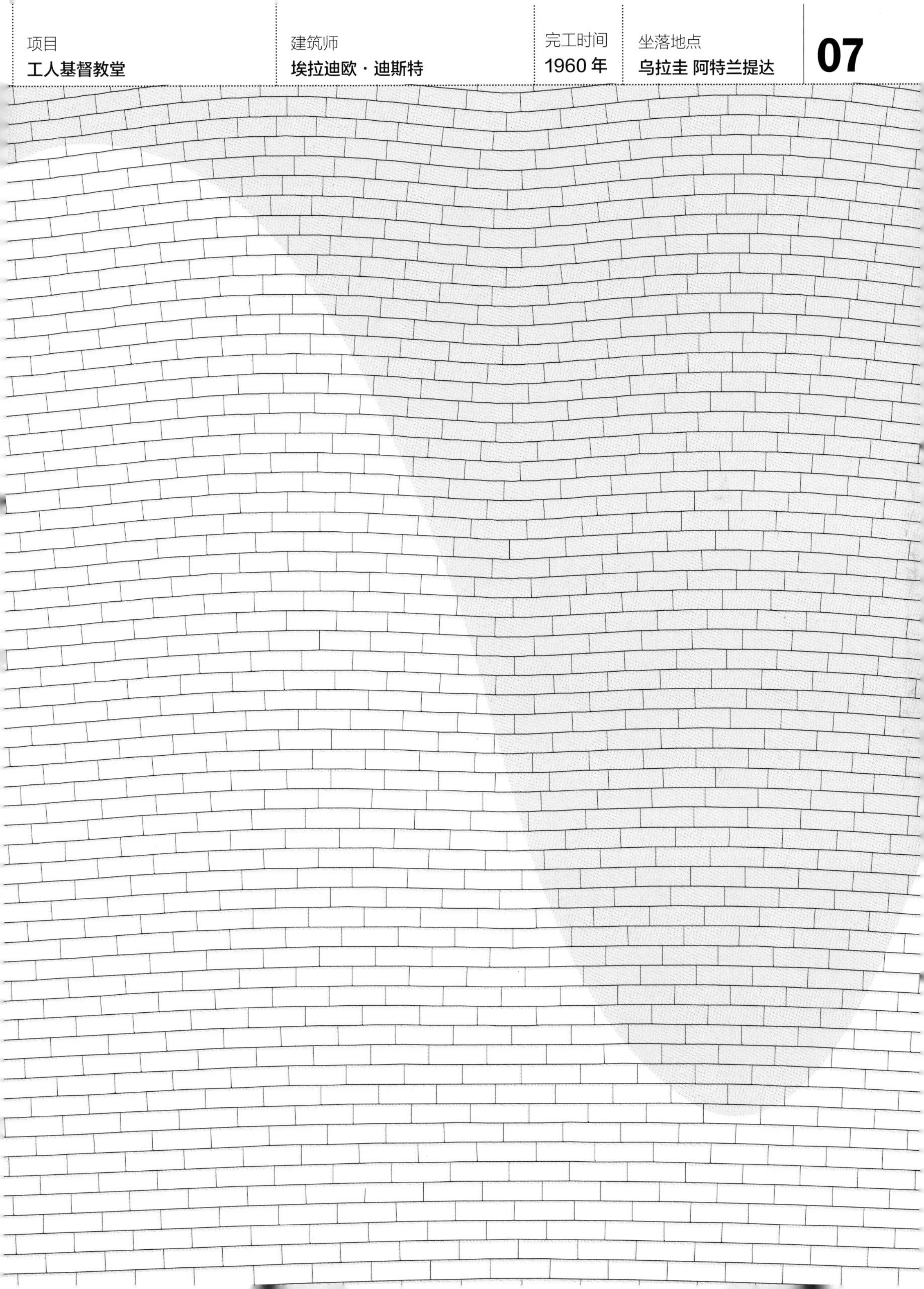

工人基督教堂，通过生成其形式的结构原理，营造了起伏的效果，依据是一系列双曲屋面拱和围护墙体，它们决定了整个建筑的构造体系。

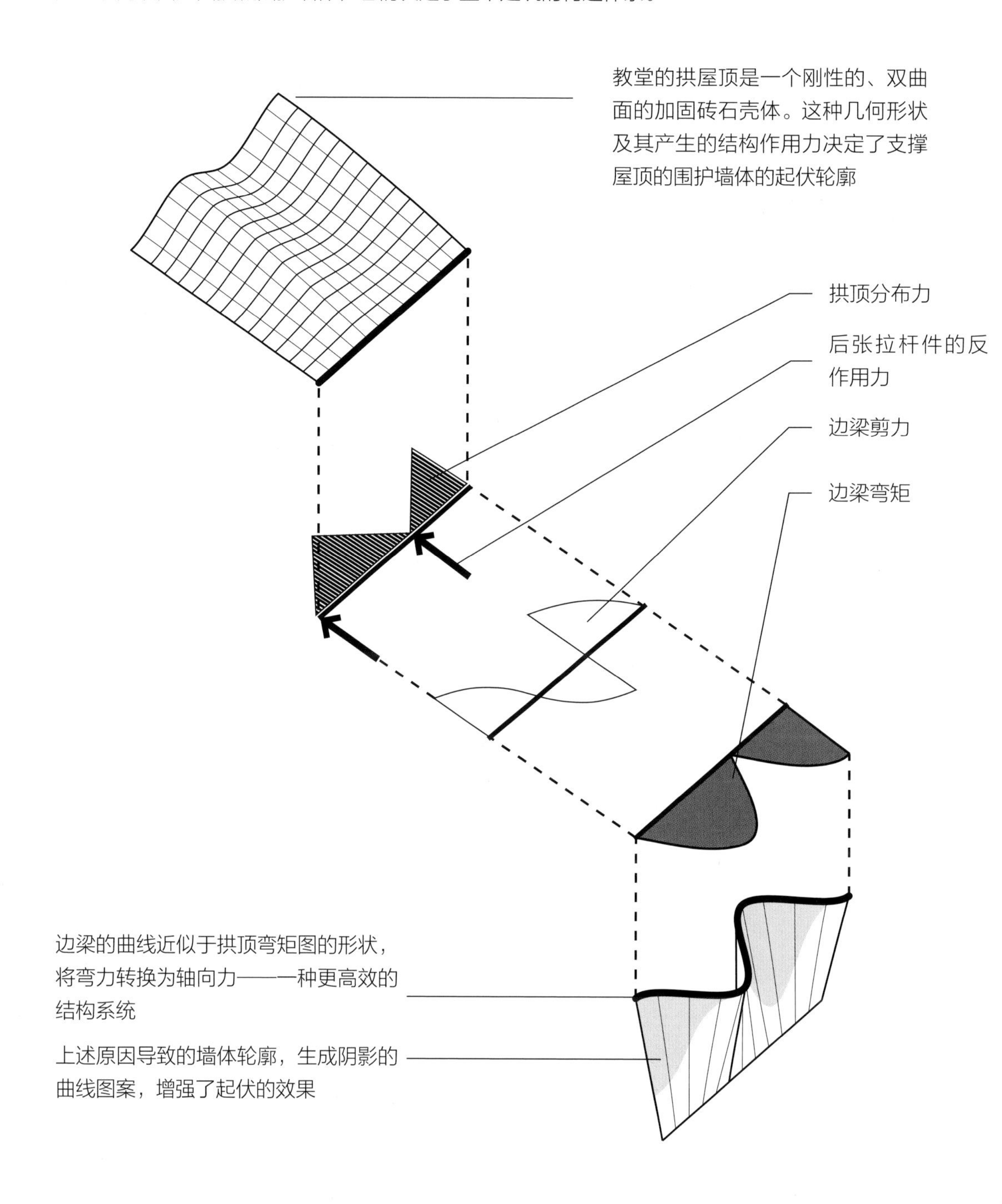

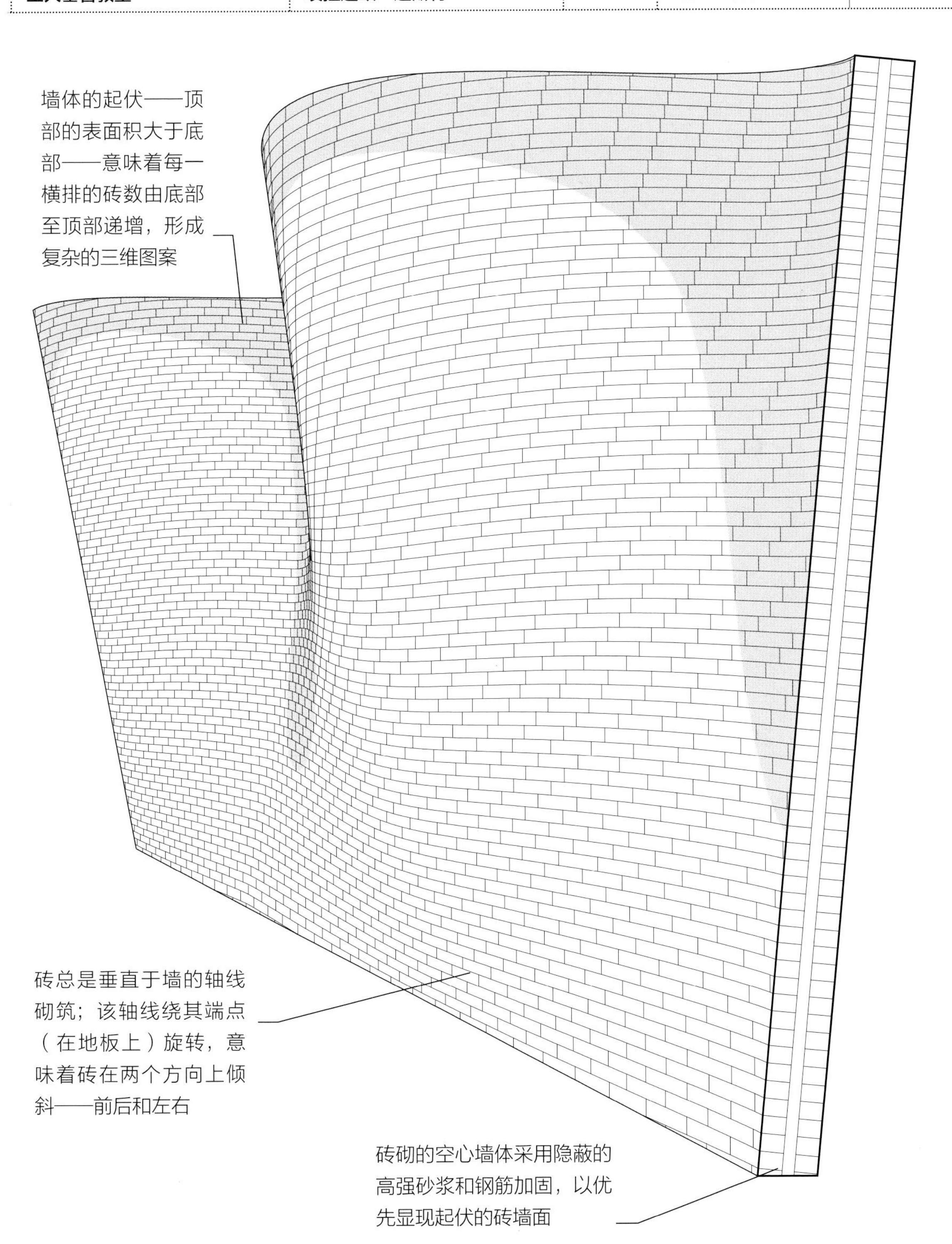
墙体的起伏——顶部的表面积大于底部——意味着每一横排的砖数由底部至顶部递增，形成复杂的三维图案
砖总是垂直于墙的轴线砌筑；该轴线绕其端点（在地板上）旋转，意味着砖在两个方向上倾斜——前后和左右
砖砌的空心墙体采用隐蔽的高强砂浆和钢筋加固，以优先显现起伏的砖墙面

兰伯特银行总部大楼的围护体系利用建筑结构网格，通过特殊的混凝土结构单元代替外立面，产生定向网格化的效果

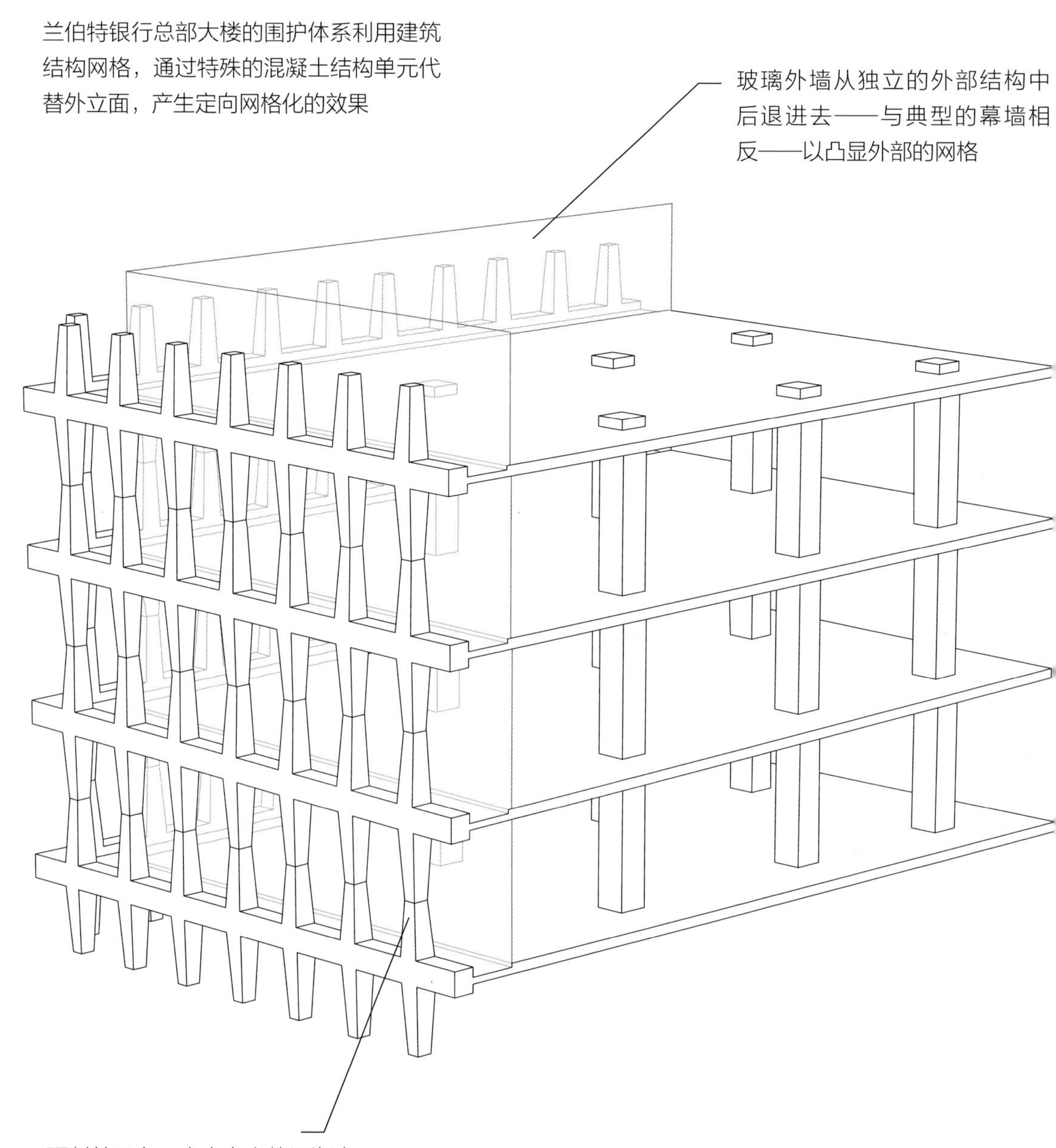

预制单元在一个方向上的逐渐变细，以及单元之间的铰接节点，强调了水平，甚于垂直，为网格带来方向感

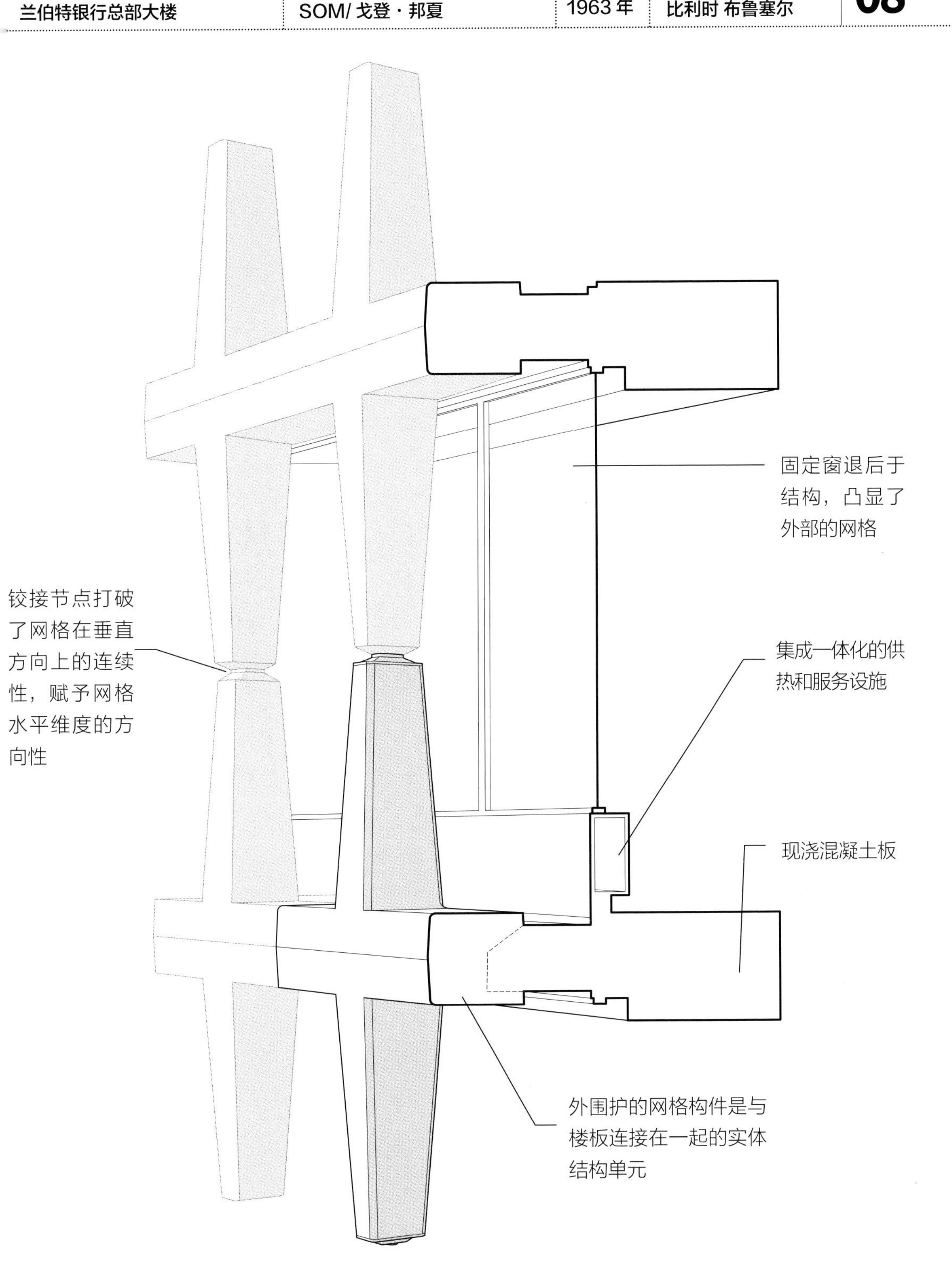

固定窗退后于结构，凸显了外部的网格
铰接节点打破了网格在垂直方向上的连续性，赋予网格水平维度的方向性
集成一体化的供热和服务设施
现浇混凝土板
外围护的网格构件是与楼板连接在一起的实体结构单元

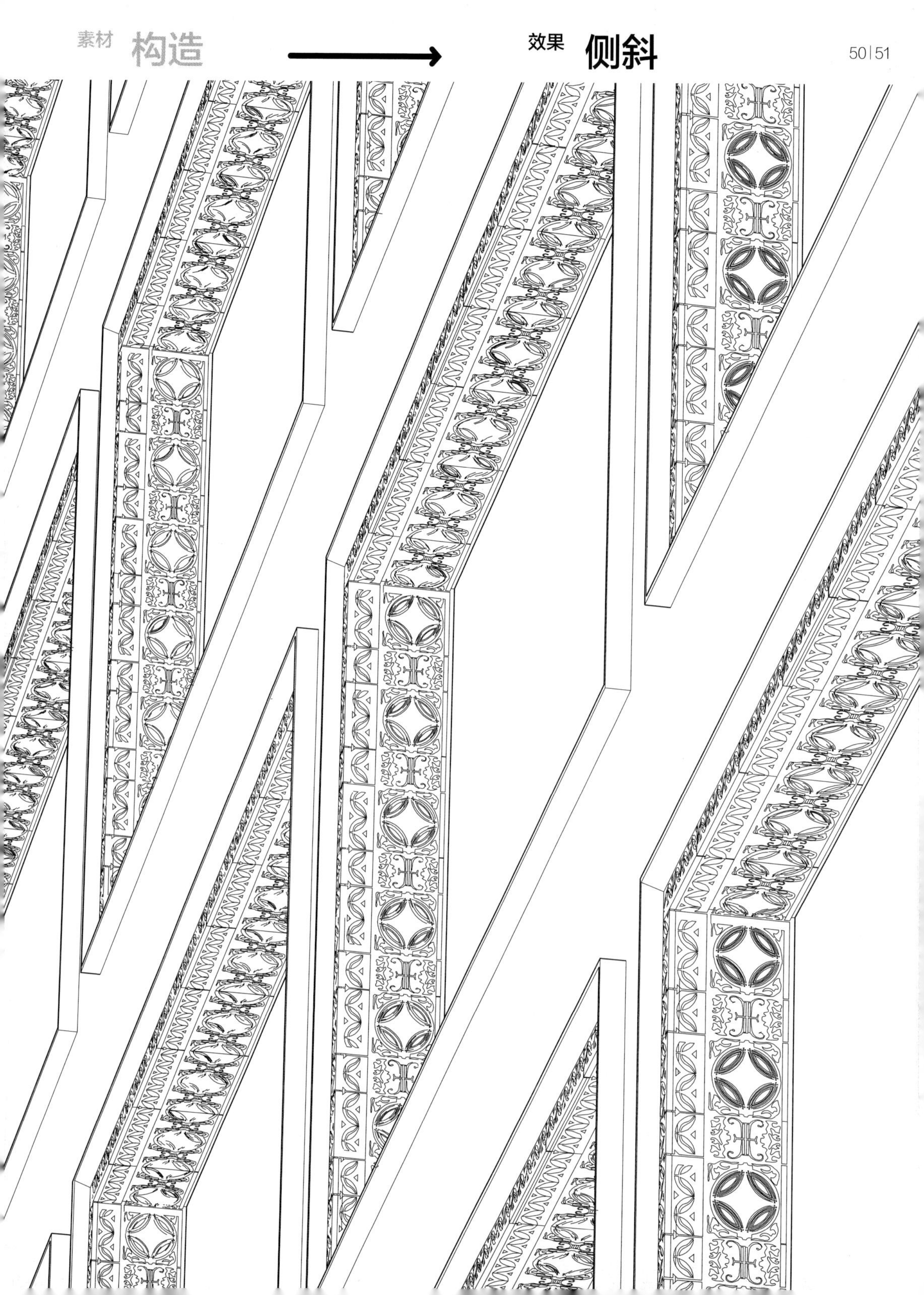

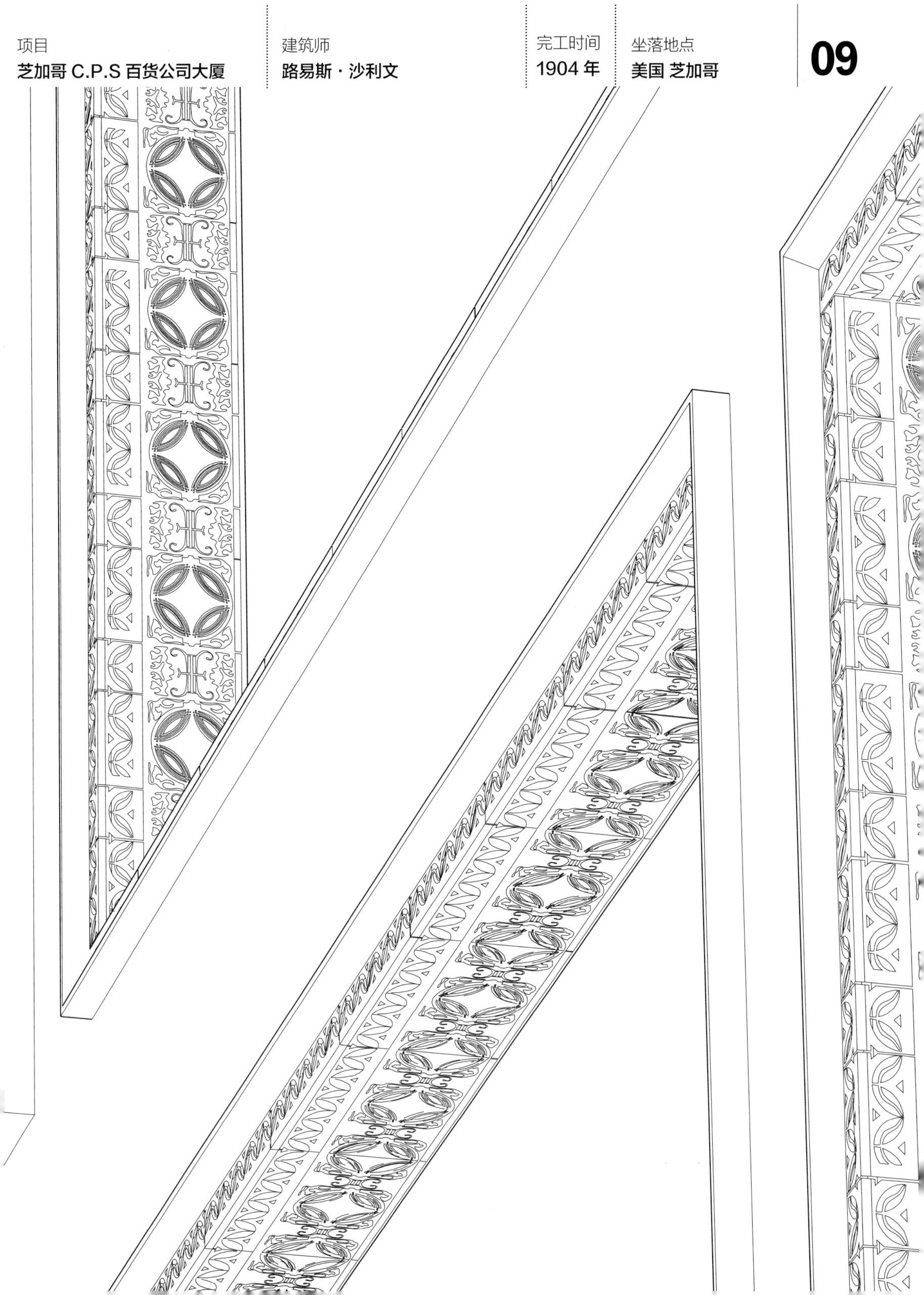

芝加哥 C.P.S （Carson Pirie Scott）百货公司大厦，在立面结构网格中，设置了深退的凹龛，其侧表面反过来成了主装饰，侧斜着看时引人注目，这是行人在底下的人行道上的典型视点。由此产生的效果使百货公司，在从有角度的方向看时，视觉上更加突出，即优先考虑侧斜的视角，甚于正面的视角。

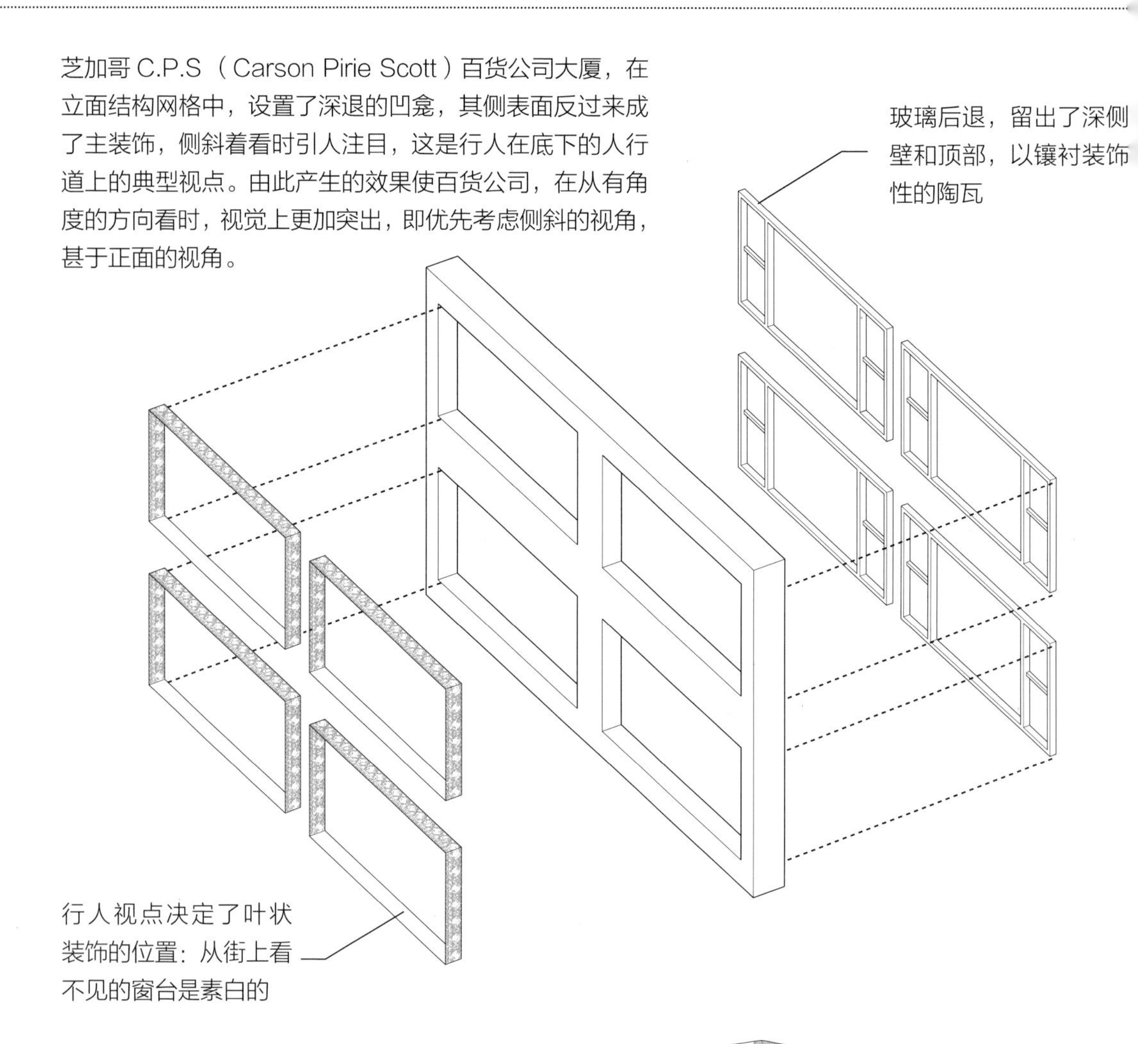

叶片装饰的视觉密度随行人视角的变化而变化，突显近距离视角的装饰表达。远距离观看，叶状装饰逐渐减弱，更突显结构网格的表达，赋予建筑在城市文脉中更为内敛的外观。

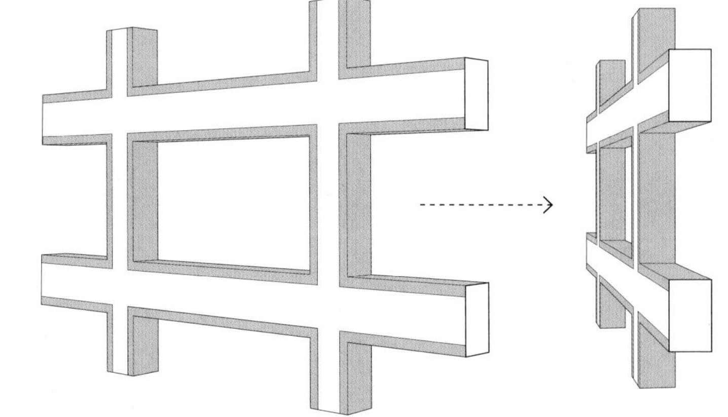

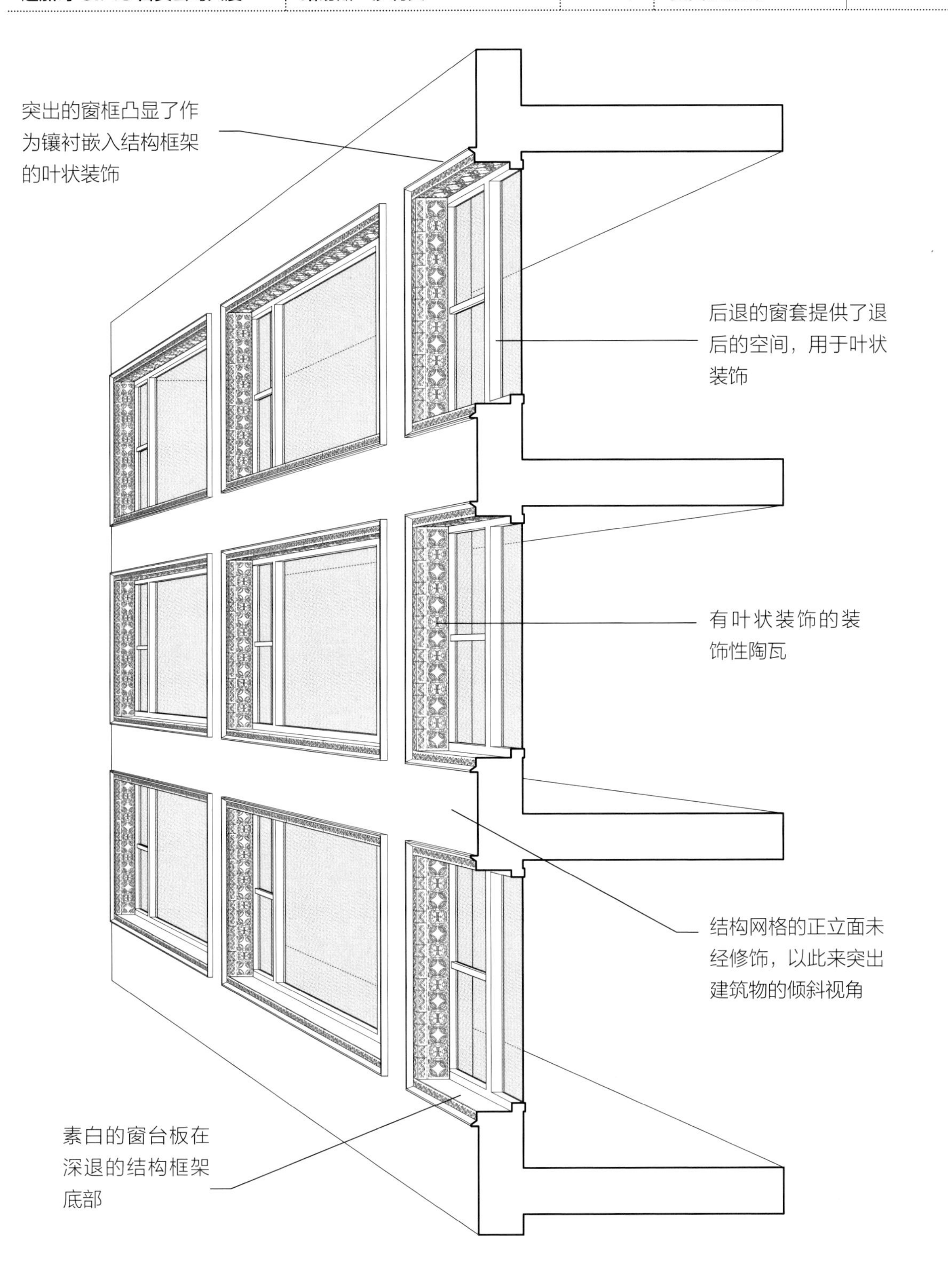
突出的窗框凸显了作为镶衬嵌入结构框架的叶状装饰
后退的窗套提供了退后的空间，用于叶状装饰
有叶状装饰的装饰性陶瓦
结构网格的正立面未经修饰，以此来突出建筑物的倾斜视角
素白的窗台板在深退的结构框架底部

项目
麻省理工学院学生宿舍
建筑师
斯蒂芬·霍尔
完工时间
2002 年
坐落地点
美国 剑桥
10

麻省理工学院学生宿舍运用外部的结构网格，以生成无尺度的效果，借助网格内窗户的尺寸，以掩盖楼层和内部房间的真实尺度。典型的房间被一个 3×3 的窗口矩阵限定，而非典型尺寸的单一窗口，因此不可能从外部辨别地板和墙体的位置。因为我们在视觉上根据单个窗口的大小判断建筑的尺度——假定每个窗口都是一个标准窗户的尺寸——所以，该宿舍显得比实际大很多。

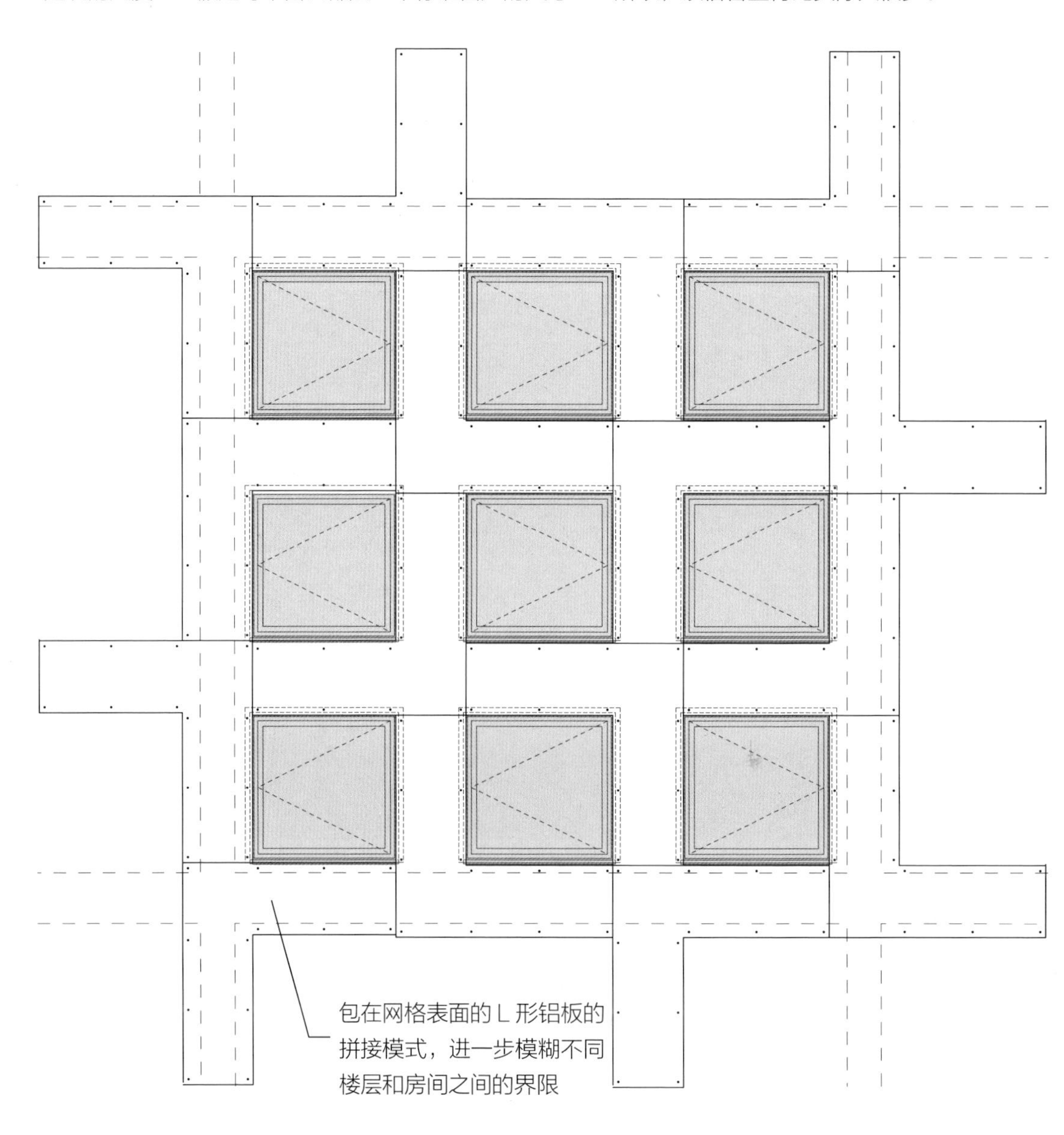

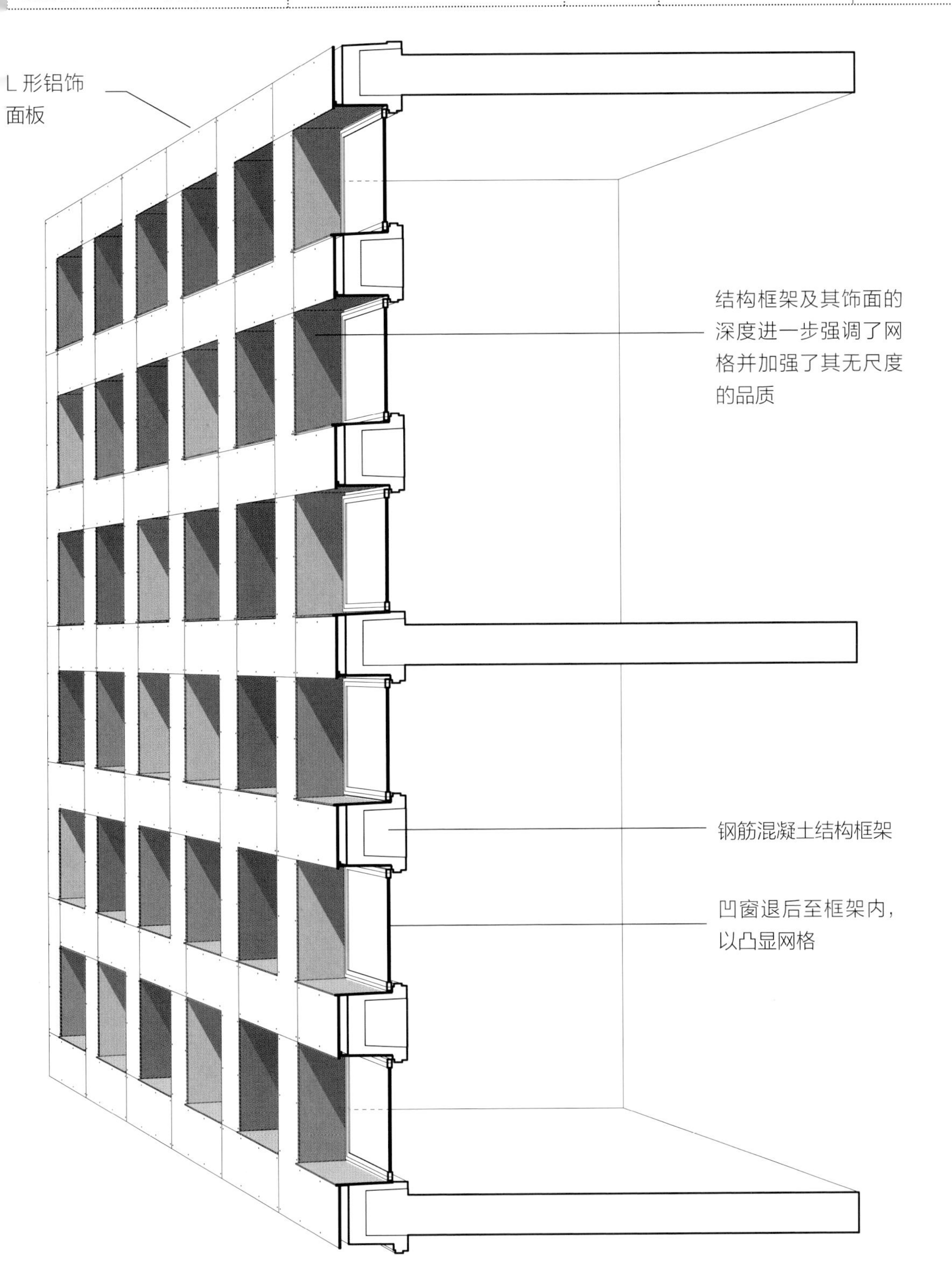
L 形铝饰面板
结构框架及其饰面的深度进一步强调了网格并加强了其无尺度的品质
钢筋混凝土结构框架
凹窗退后至框架内，以凸显网格

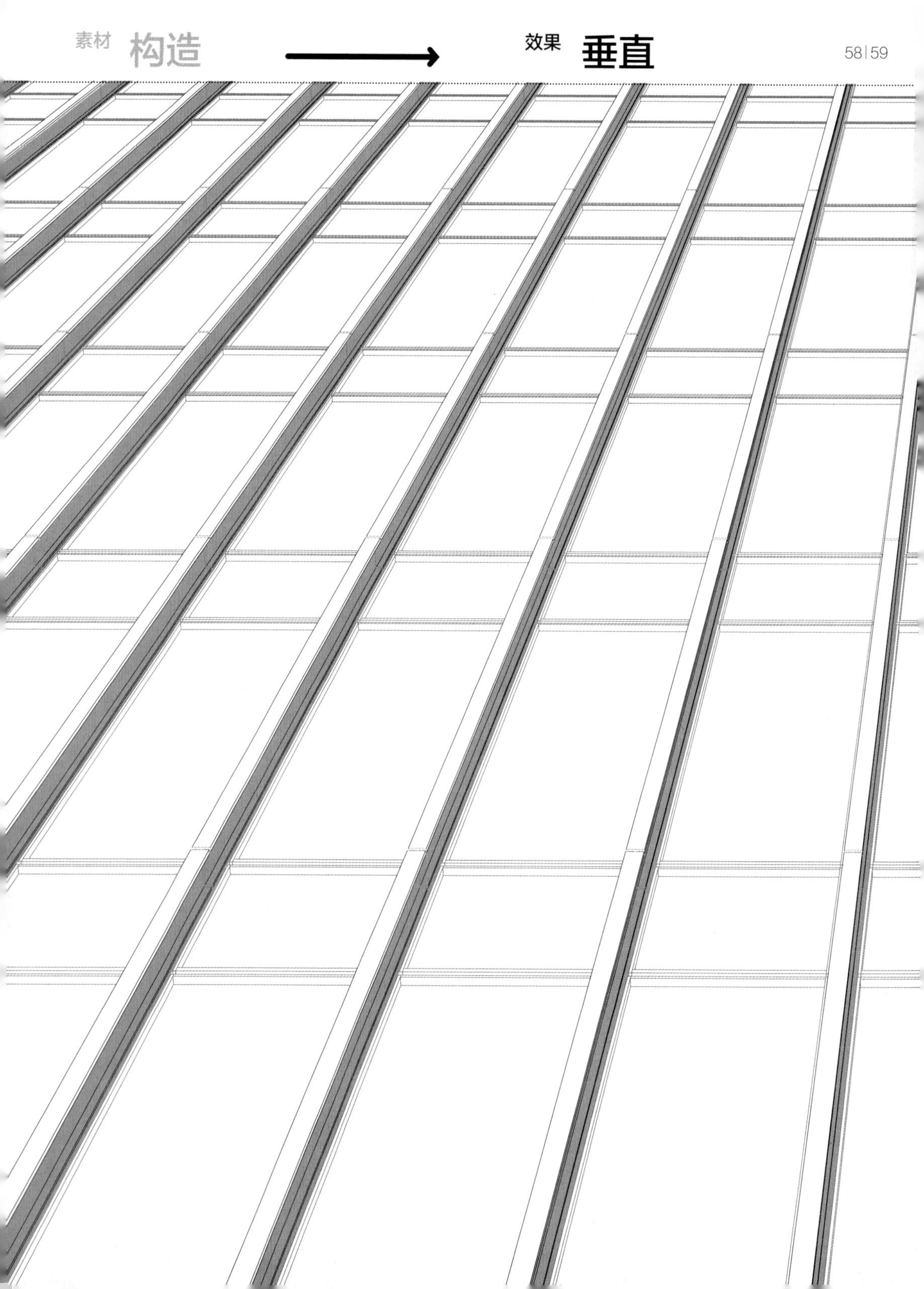

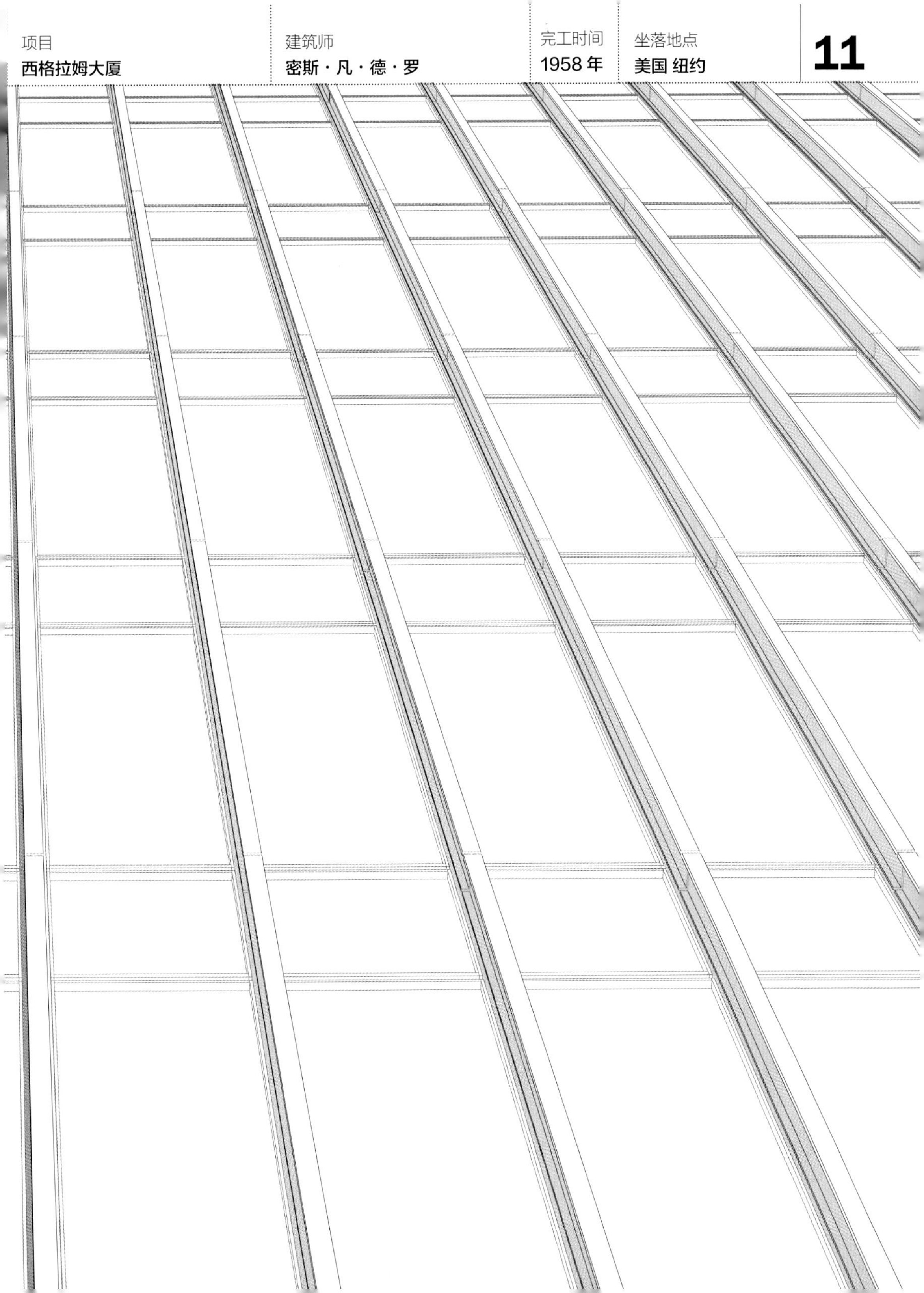
项目
西格拉姆大厦
建筑师
密斯·凡·德·罗
完工时间
1958 年
坐落地点
美国 纽约
11

西格拉姆大厦利用摩天大楼的钢结构网格，将一系列装饰性工字梁固定到外壳上，强调结构的垂直线条甚于水平楼板，以产生垂直的效果。

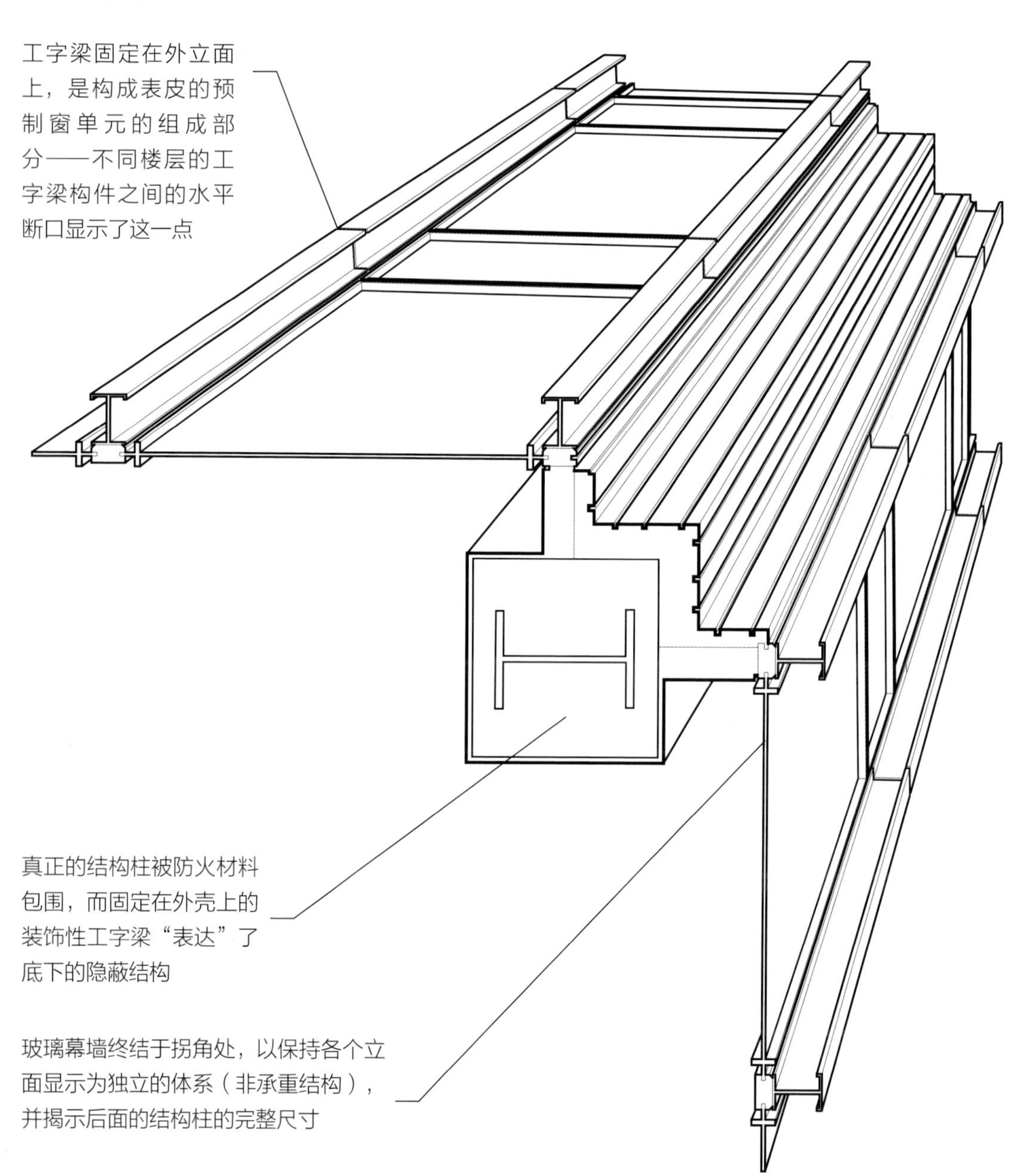

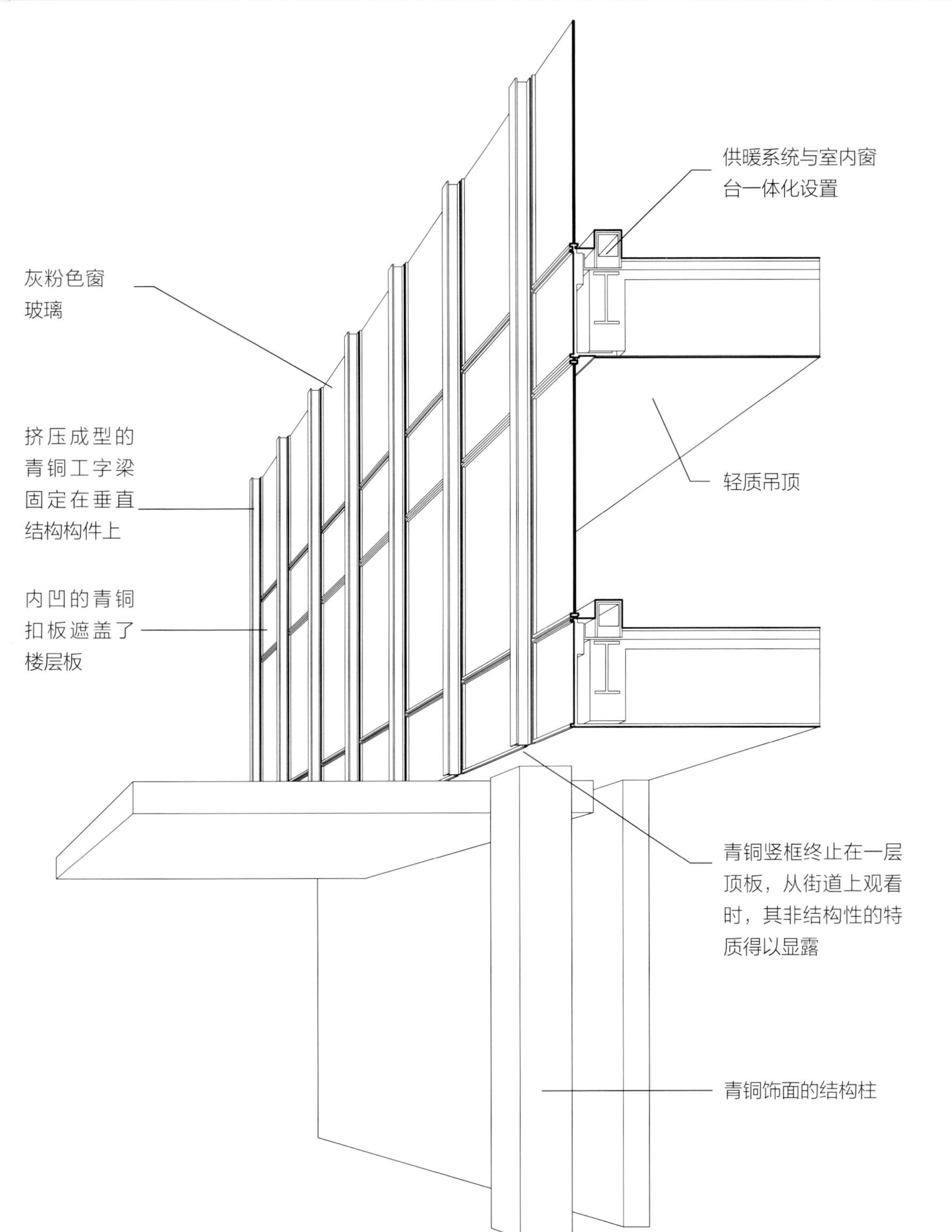
供暖系统与室内窗台一体化设置
灰粉色窗玻璃
挤压成型的青铜工字梁固定在垂直结构构件上
轻质吊顶
内凹的青铜扣板遮盖了楼层板
青铜竖框终止在一层顶板，从街道上观看时，其非结构性的特质得以显露
青铜饰面的结构柱

普拉达青山店，通过基于三种类型的玻璃板（平面的、凸面的、凹面的）组成的外饰面，营造了纤缝的效果。三维形式的玻璃与对角结构相结合，形成菱形窗组成的纤缝图案，这些菱形窗交替地从外围护面上突出和后退。

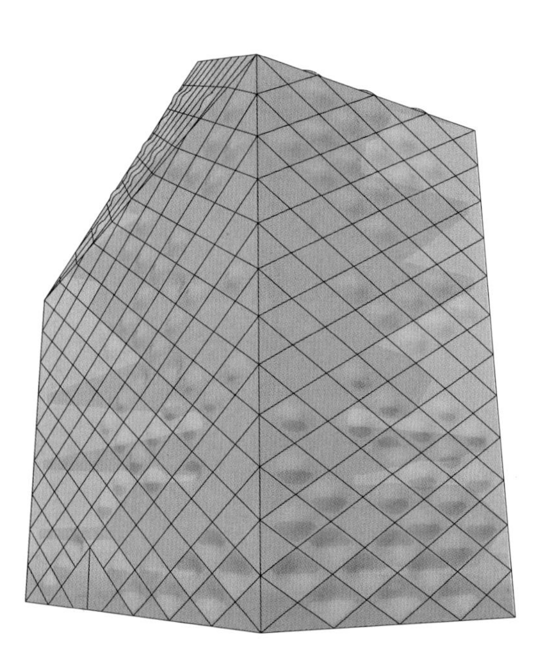

日光下，纤缝窗比结构更为显著，它让里面的产品变了形，也赋予建筑宝石般的外观。

夜晚，斜肋构架取代三维玻璃板赋予纤缝的效果，而背光照明也使得斜肋构架更为显而易见。

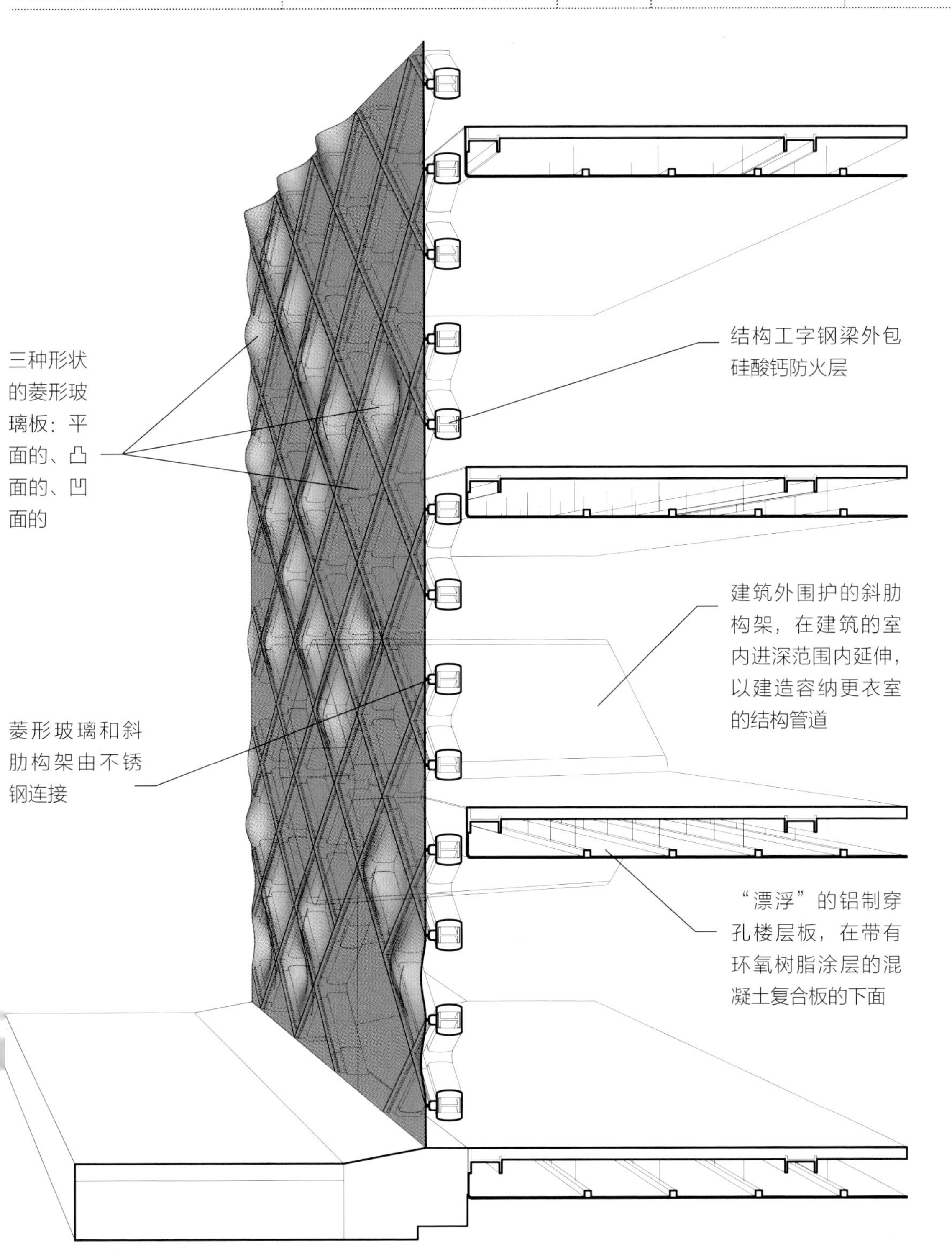
三种形状
的菱形玻
璃板：平
面的、凸
面的、凹
面的
结构工字钢梁外包
硅酸钙防火层
建筑外围护的斜肋
构架，在建筑的室
内进深范围内延伸，
以建造容纳更衣室
的结构管道
菱形玻璃和斜
肋构架由不锈
钢连接
“漂浮”的铝制穿
孔楼层板，在带有
环氧树脂涂层的混
凝土复合板的下面

项目	建筑师	完工时间	坐落地点	
美国驻英大使馆	**埃罗·沙里宁**	1960 年	**英国 伦敦**	**13**

美国驻英大使馆的外围护结构把常规外围护结构的网格分解成模块化的效果:互不相连的饰面单元（由包含嵌入式窗和饰条的预制结构框架制成）与装饰性填充部件共同形成互不相连的模块元素交替排列的图案。

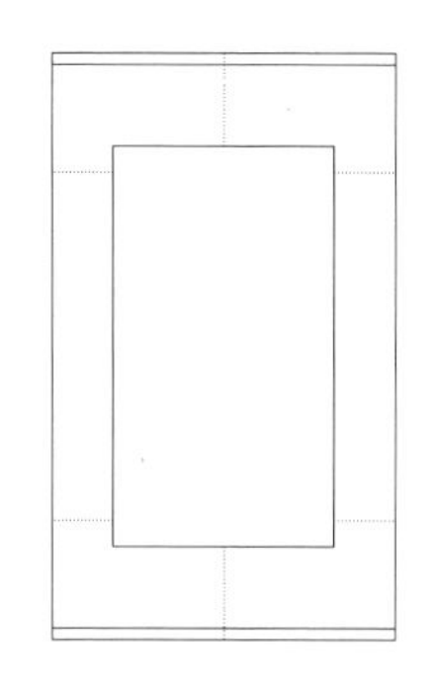

嵌有固定窗的预制结构单元外包石材

波纹混凝土饰条

镀金铝窗框

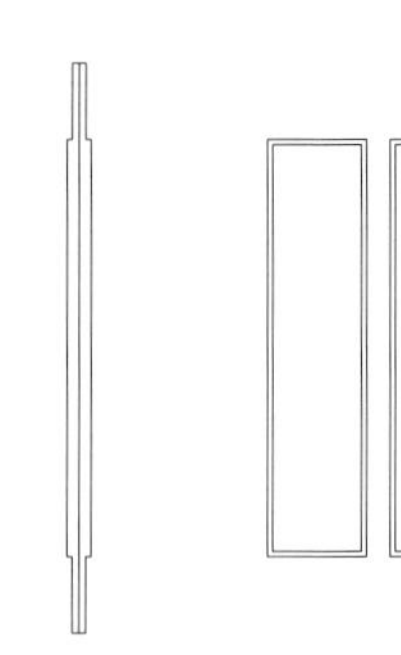

可开启的垂直窗

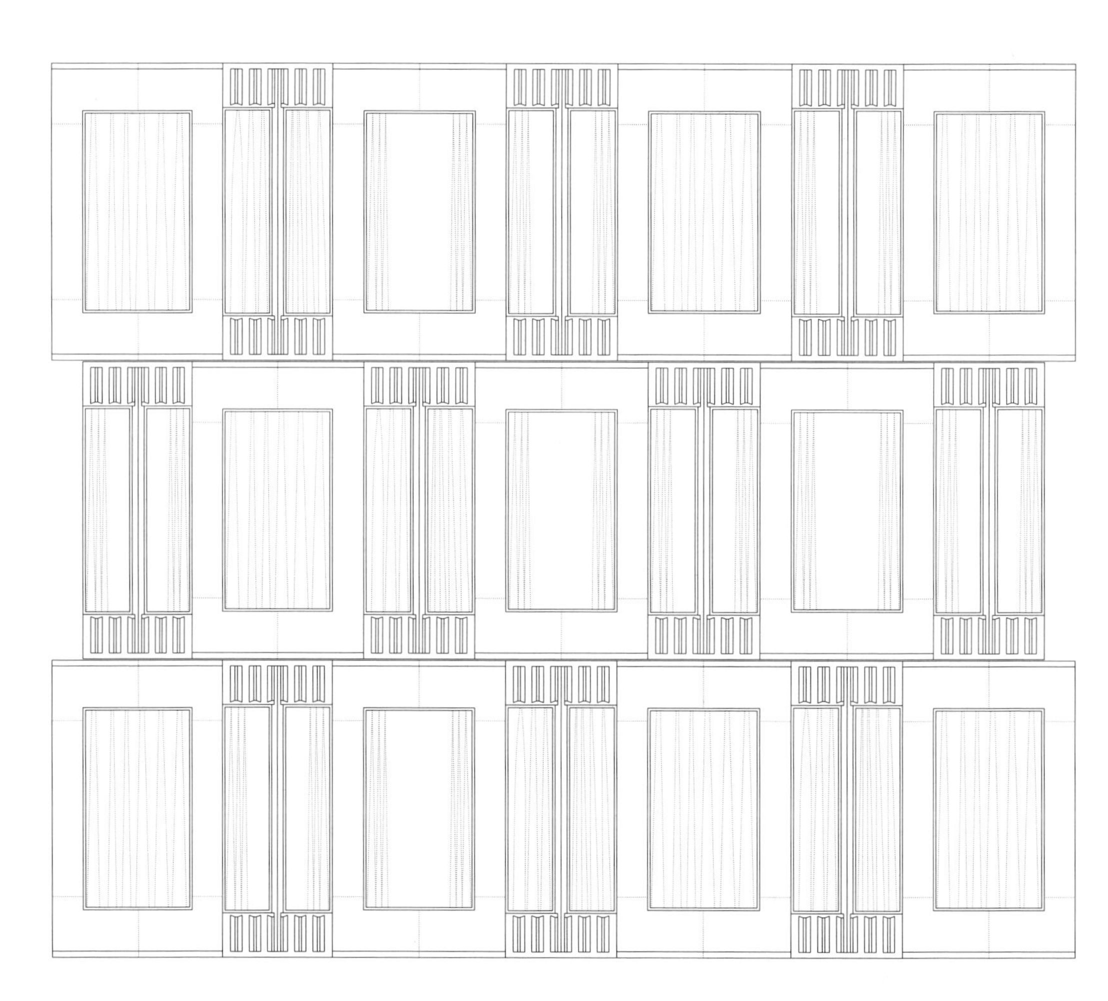

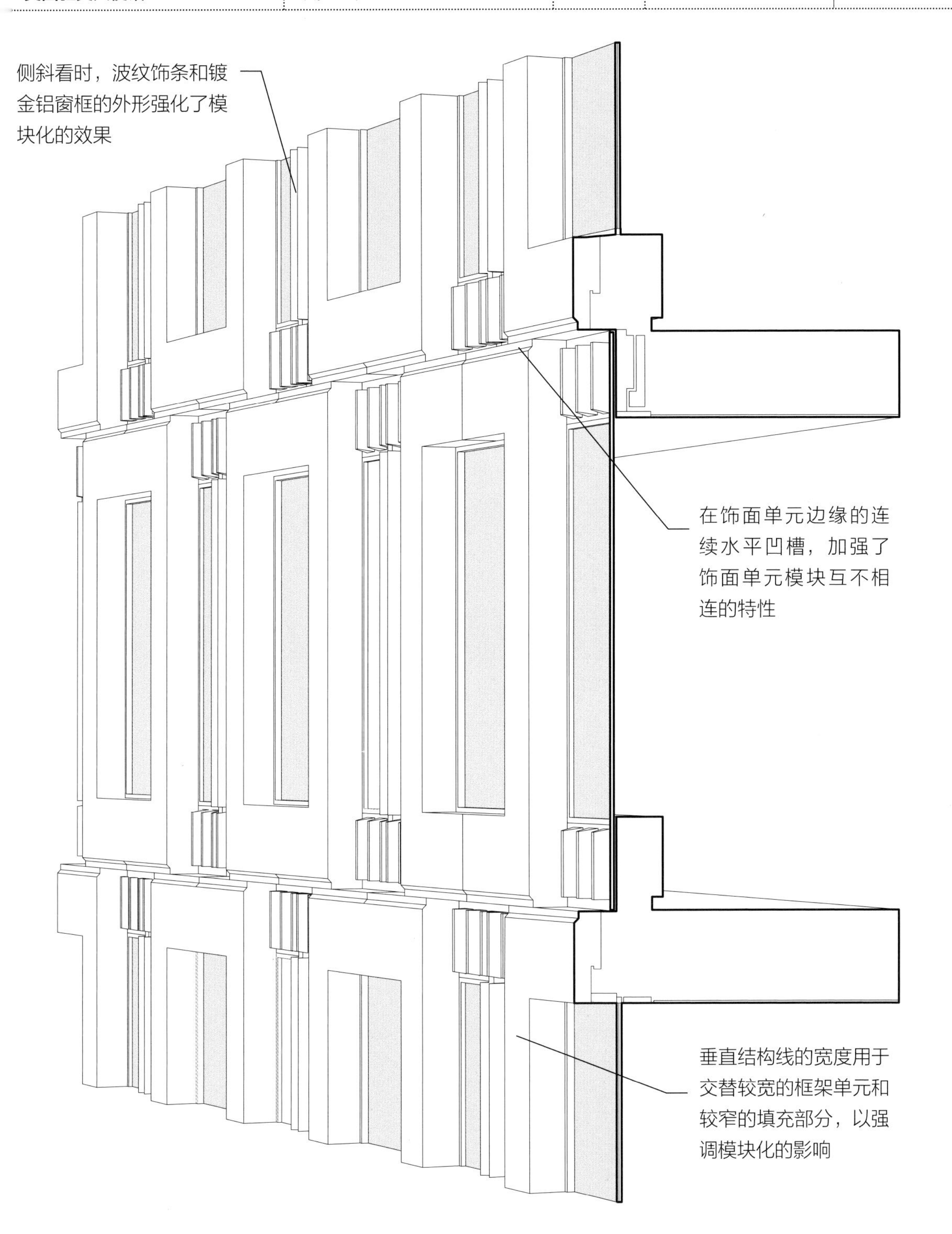
侧斜看时，波纹饰条和镀金铝窗框的外形强化了模块化的效果
在饰面单元边缘的连续水平凹槽，加强了饰面单元模块互不相连的特性
垂直结构线的宽度用于交替较宽的框架单元和较窄的填充部分，以强调模块化的影响

蛇形画廊通过基于结构来实现的图案形式，营造出一种随机性的效果。不规则的图案，由旋转和缩放正方形延长线的算法生成，通过规则的过程来裁剪不规则的图案，以生成看似随机的图案。

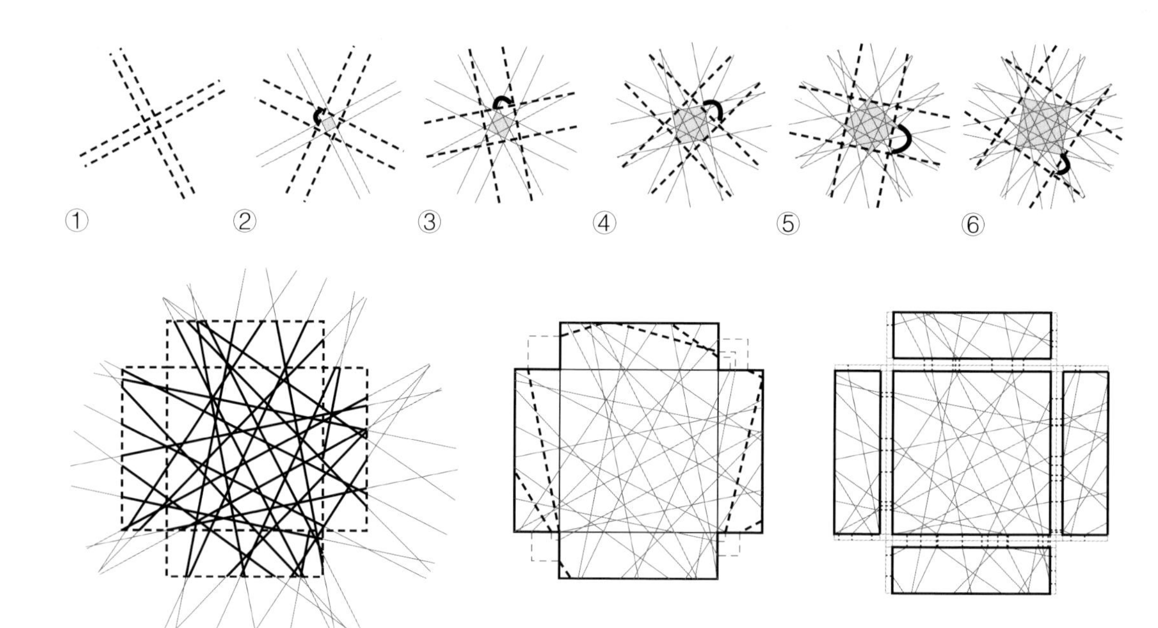

⑦ 图案被展馆四个边不对称地分割。

⑧ 线条与垂直边相交时，绕过垂直边延伸至相邻的面。

⑨ 图案是分开的，直线切入折叠边缘，以说明构造的厚度。

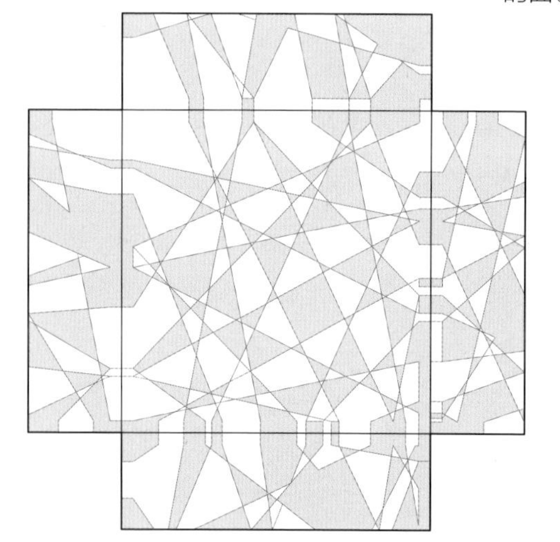

⑩ 为增加外观的随机性，结构线之间交替的斑块被填充固体材料。由此产生的表面图案通过冗余的结构构件来支撑展馆。

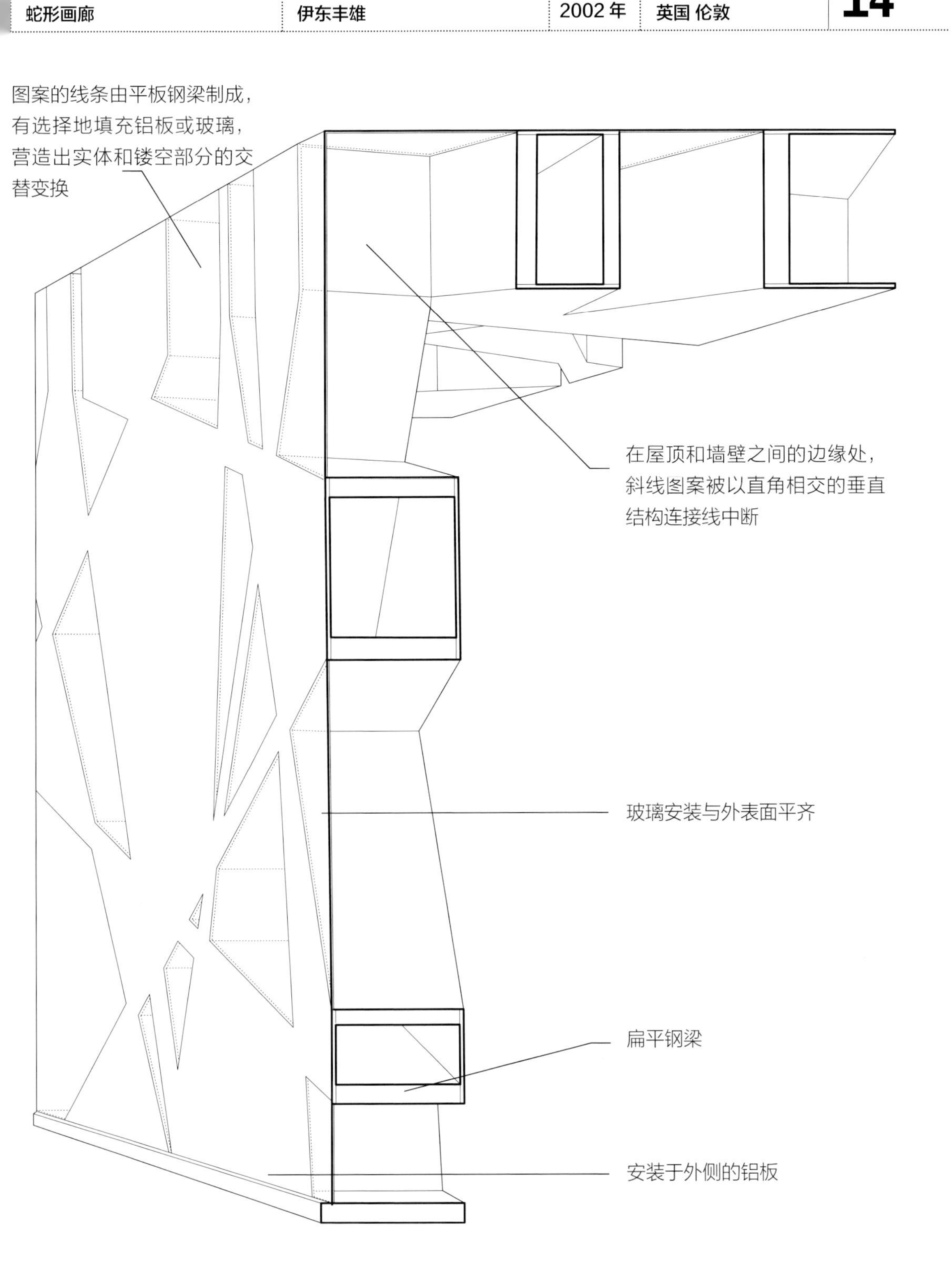

图案的线条由平板钢梁制成，有选择地填充铝板或玻璃，营造出实体和镂空部分的交替变换
在屋顶和墙壁之间的边缘处，斜线图案被以直角相交的垂直结构连接线中断
玻璃安装与外表面平齐
扁平钢梁
安装于外侧的铝板

项目	建筑师	完工时间	坐落地点	
米拉德住宅	**弗兰克・劳埃德・赖特**	1923 年	**美国 帕萨迪纳**	**15**

米拉德住宅通过一种纹理砌块的混合墙体，营造出一种浮雕的效果。该墙体内外均由浇筑砌块组成，它们用砂浆和钢筋固定在一起，钢筋通过孔槽，浇筑在砌块中进行加固。在单个砌块尺度上，砌块生成一种织物般的浮雕图案，在远看时，建筑物的外形庞大而单一，而在近看时，充满变化，增强这种感官的原因就是砌块的尺度。

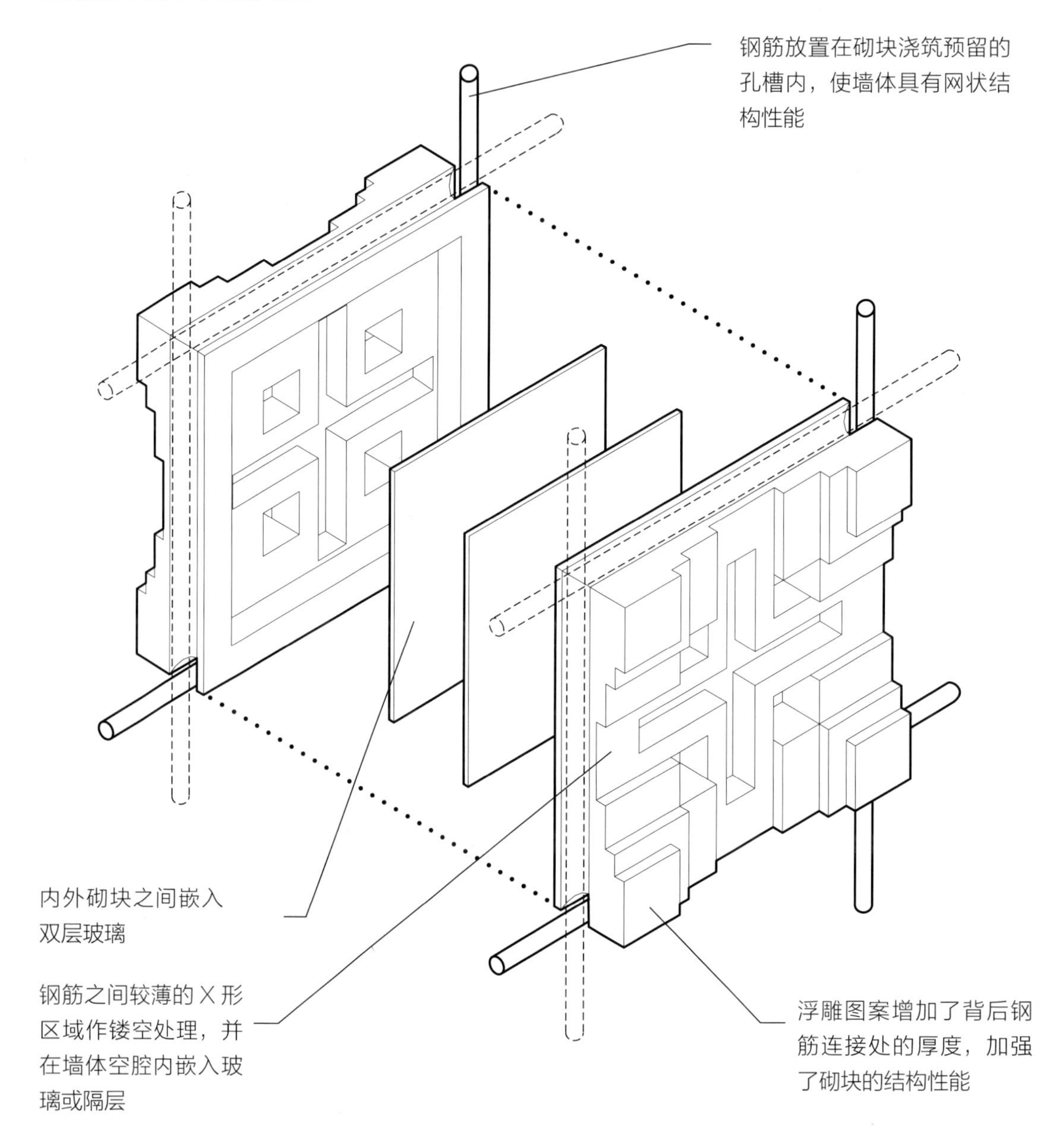

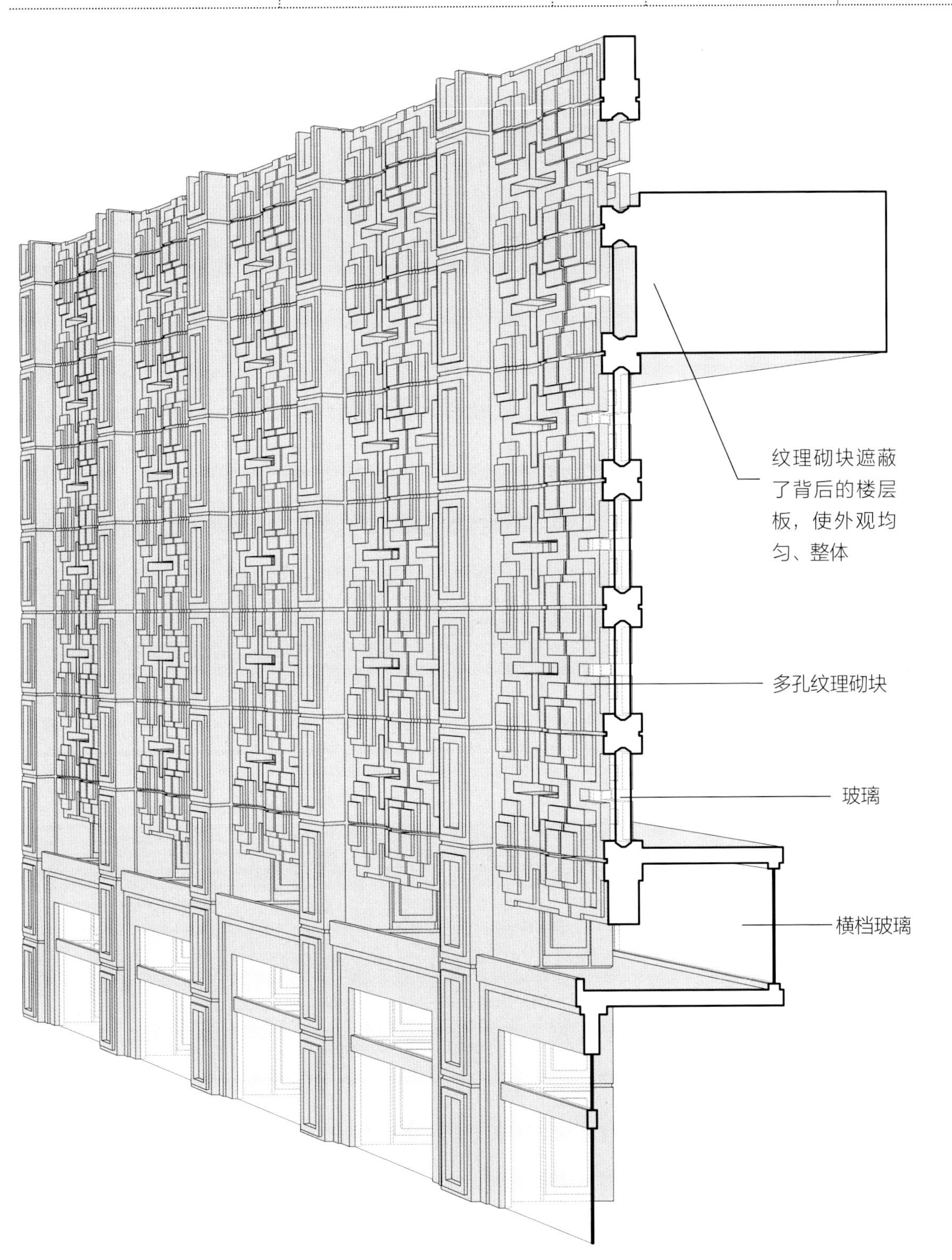

纹理砌块遮蔽了背后的楼层板，使外观均匀、整体
多孔纹理砌块
玻璃
横档玻璃

第三章 隔层

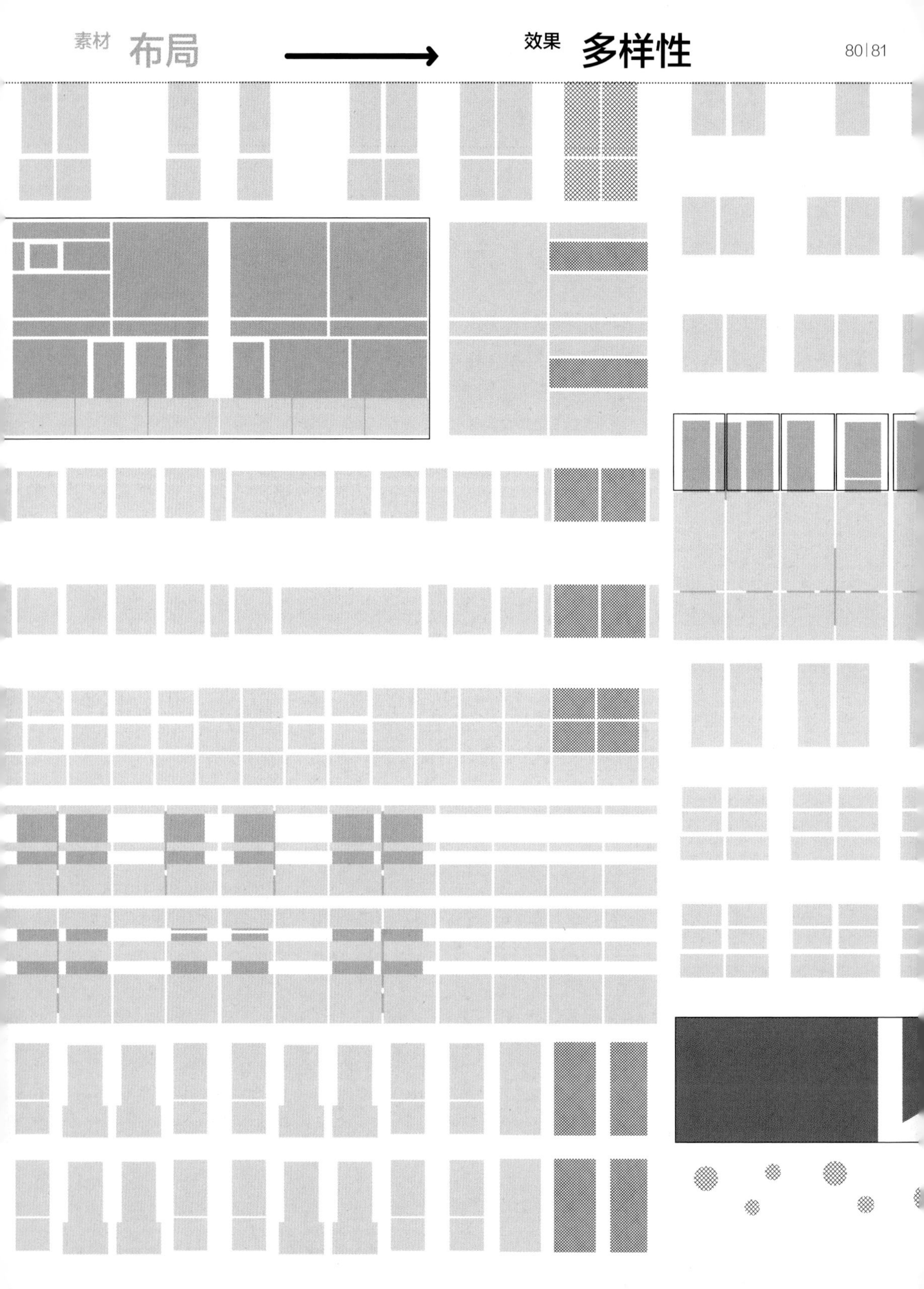

项目	建筑师	完工时间	坐落地点	
西罗达姆公寓	**MVRDV 建筑事务所**	**2002 年**	**荷兰 阿姆斯特丹**	**16**

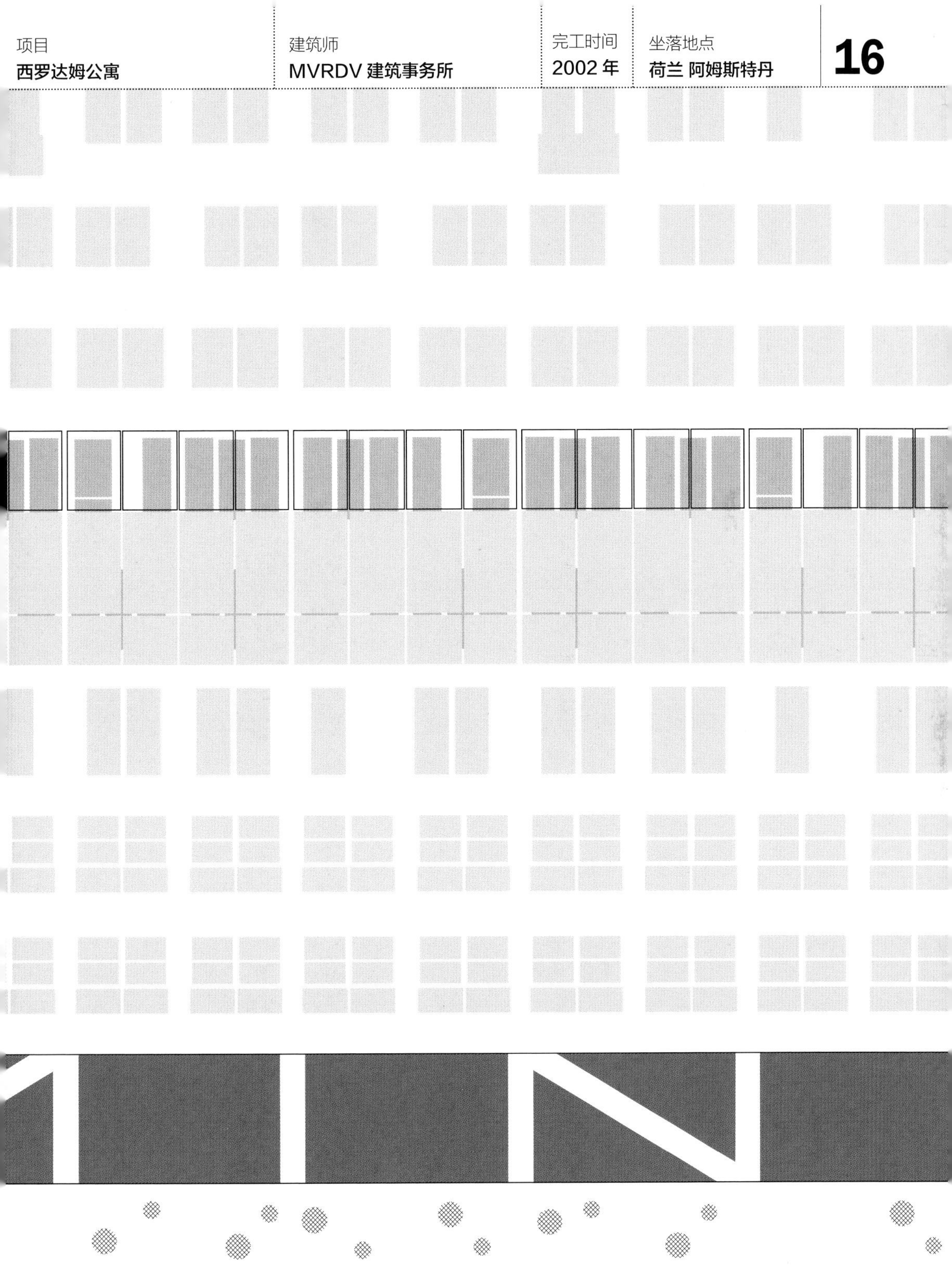

西罗达姆公寓的外围护体系探索了一种多样性的效果。作为其功能布局的一个结果，在外围护面上覆盖了一系列的标准立面系统，以反映不同用途：办公区、商业空间、公共区域与多种多样的住房户型。每种功能布局与户型（低收入者公寓、复式公寓、豪华公寓等）由不同的材料和开窗形式确定，创造了一种混合物的效果，反映了居住人口的多样性。

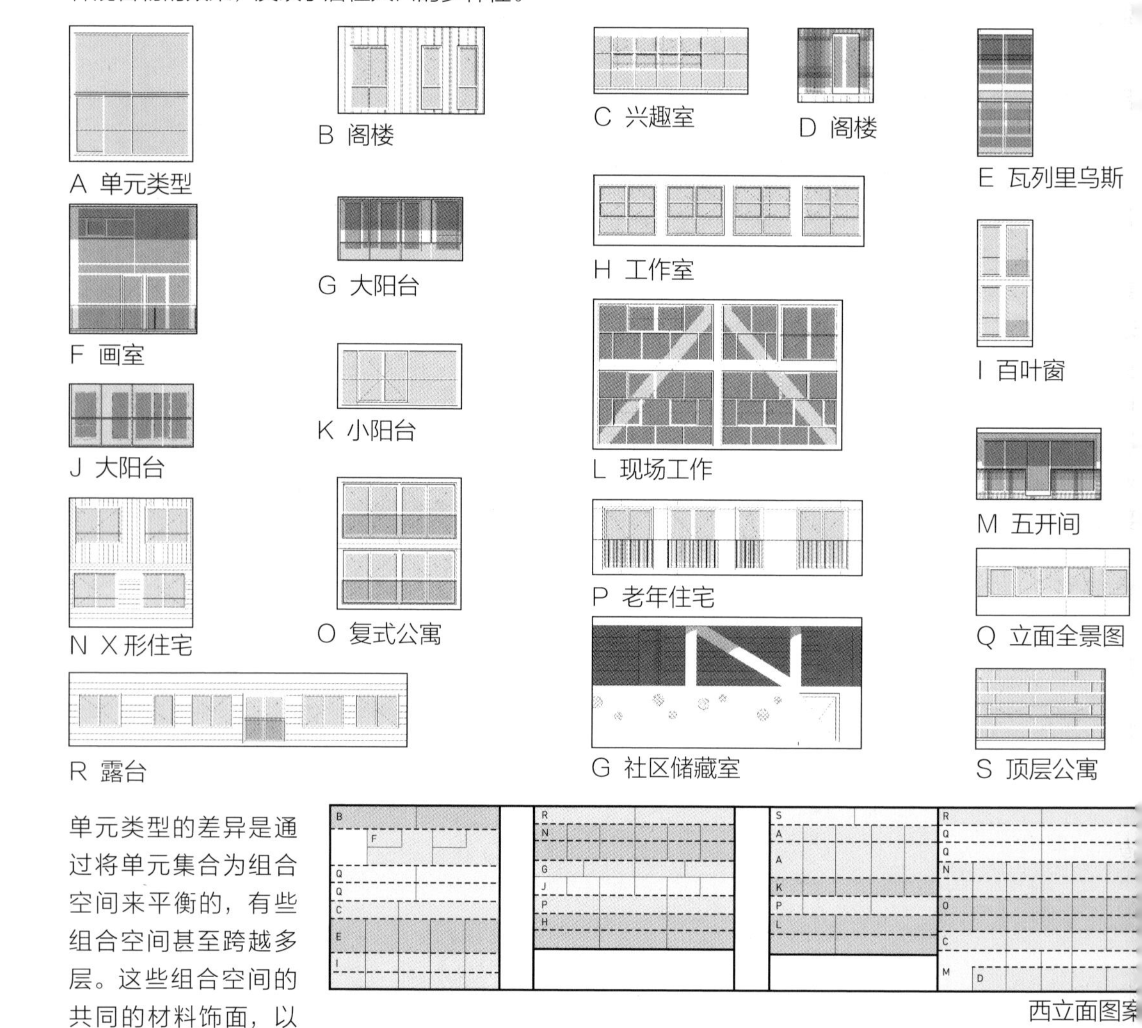

单元类型的差异是通过将单元集合为组合空间来平衡的，有些组合空间甚至跨越多层。这些组合空间的共同的材料饰面，以及每个单元类型隔断的特定走廊布局，定义了建筑里面的“邻里”，并将这种“邻里”关系在外部显现出来。

西立面图案

东立面图案

项目	建筑师	完工时间	坐落地点	
西罗达姆公寓	MVRDV 建筑事务所	2002 年	**荷兰 阿姆斯特丹**	**16**

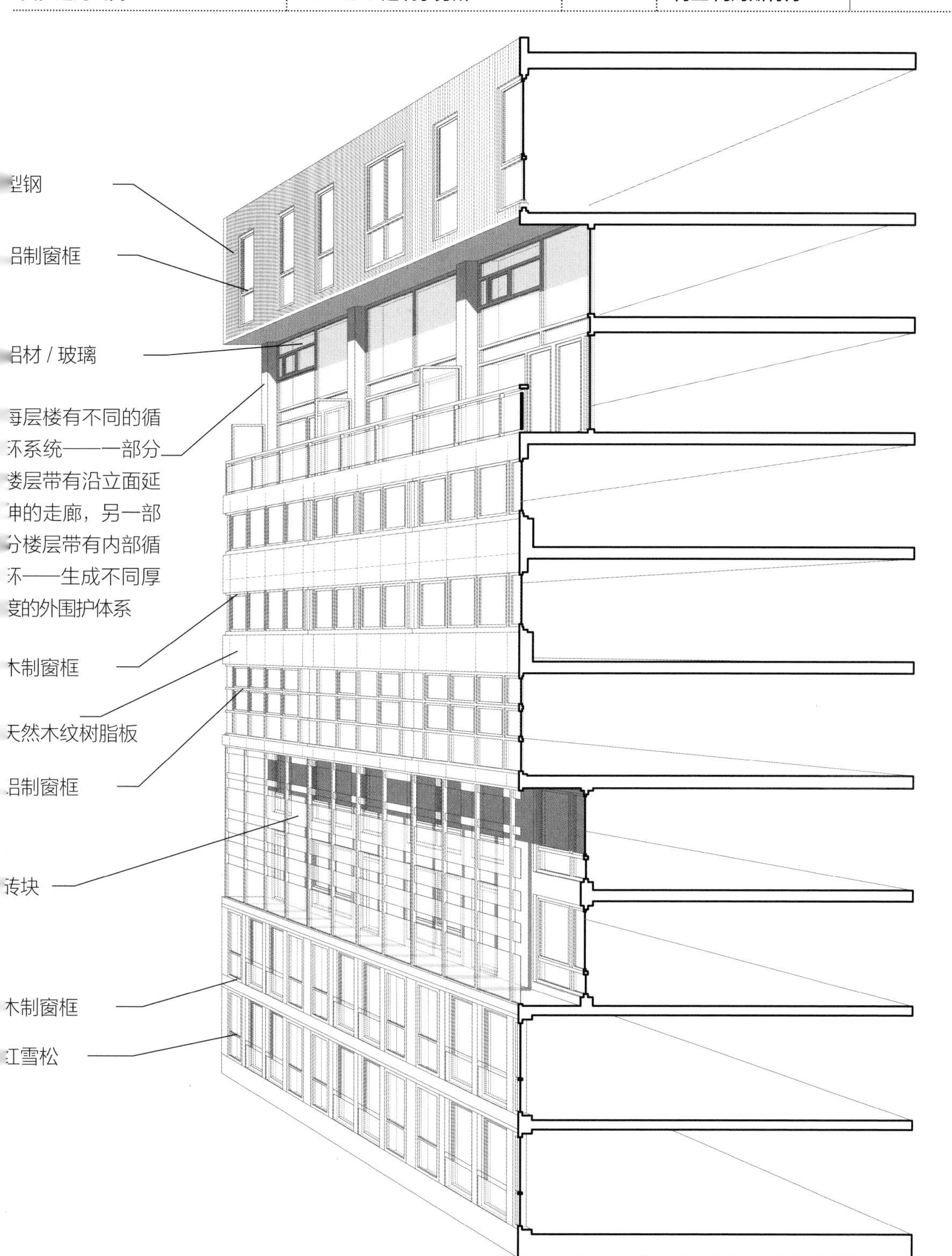

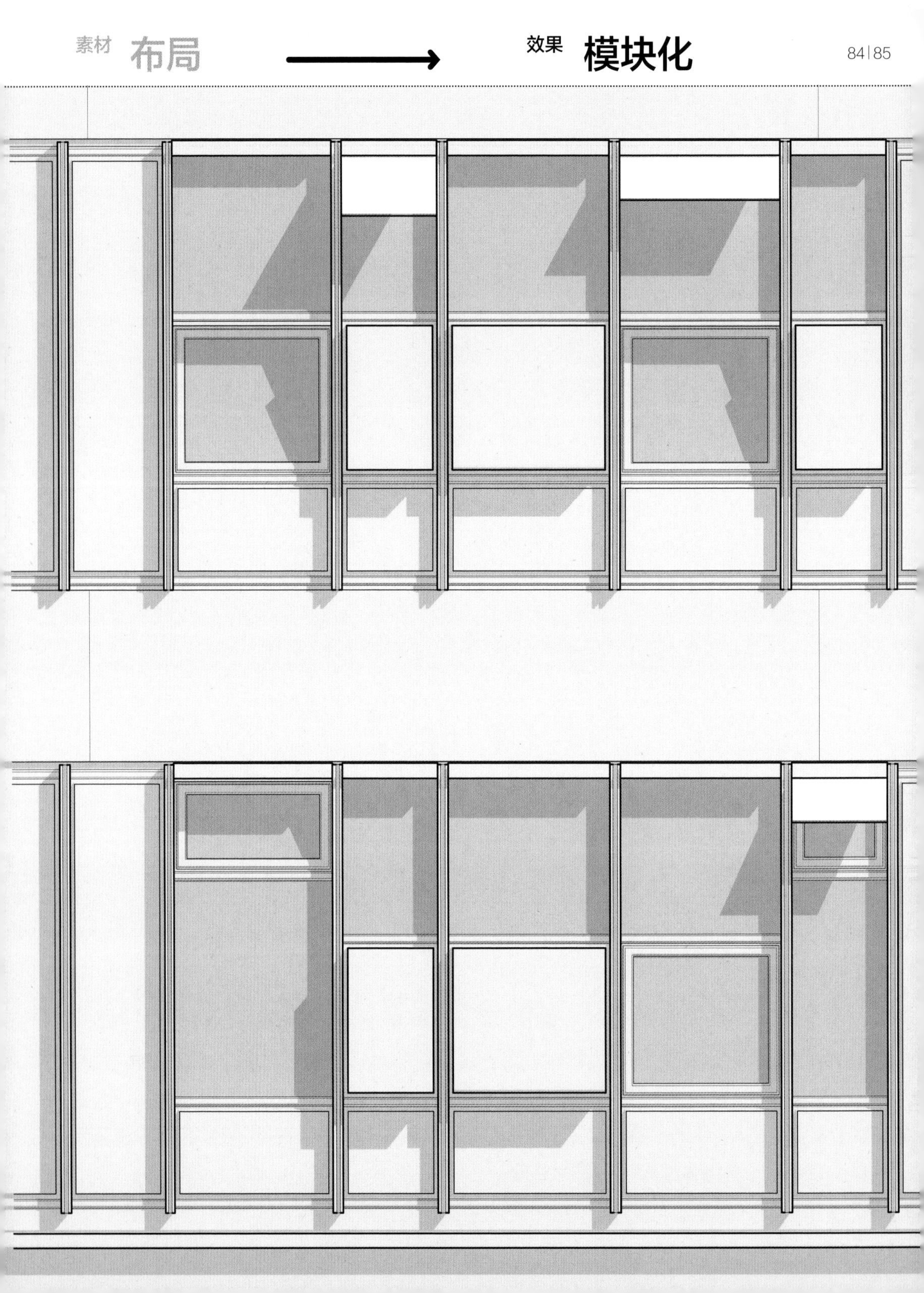

柏林自由大学综合楼的外饰面根据功能布局打造模块化的效果，通过一系列耐候钢（Cor-ten steel）与模块玻璃板的组合，考虑外围护边缘的不同功能布局需求，也使建筑表皮能不断地重新构建，以响应建筑全生命周期的变化。复合板有两种宽度和多种高度，根据柯布西耶的模块系统比例增量进行组合，沿着建筑长度排列时，产生大量变化的表面。

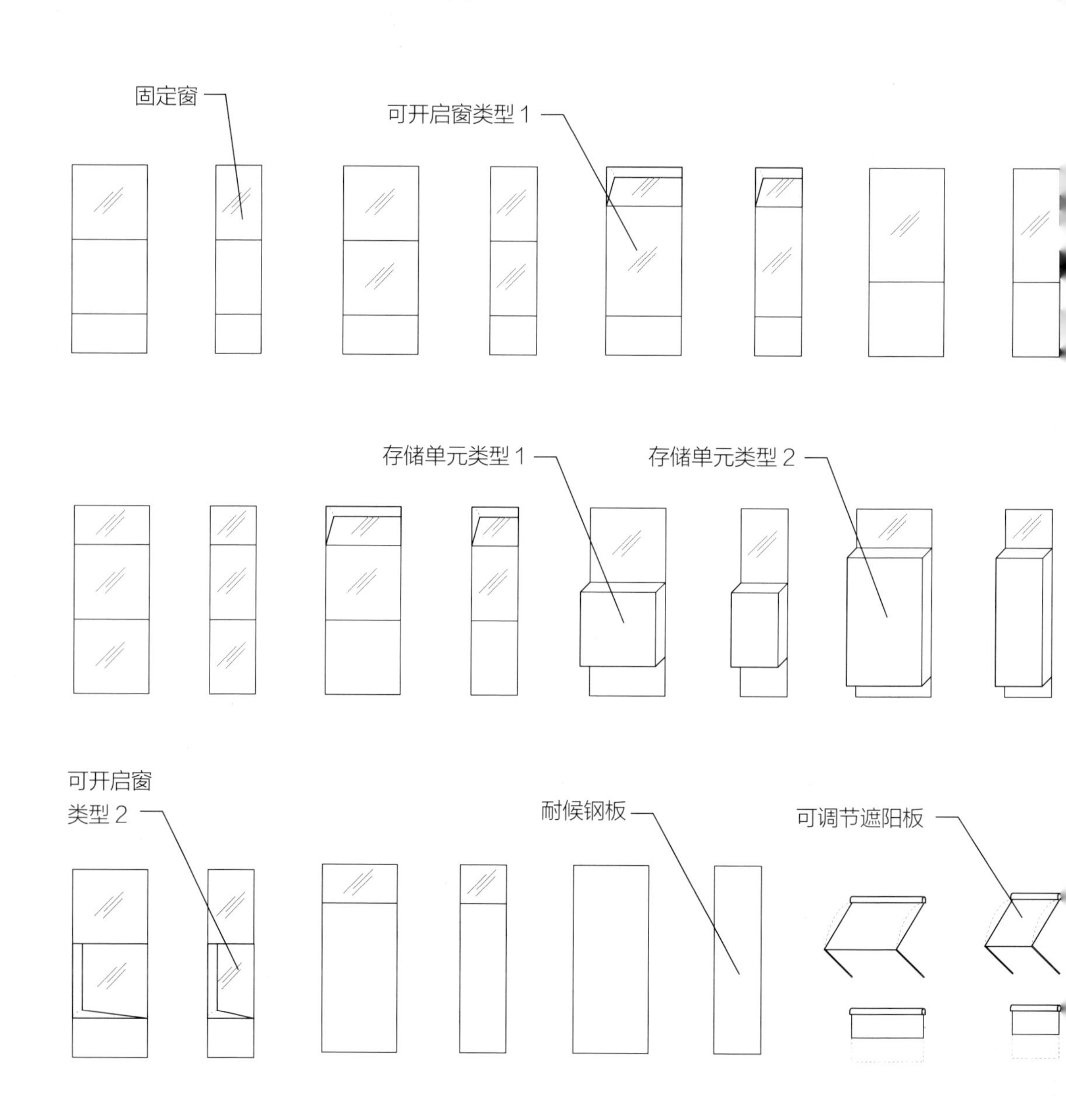

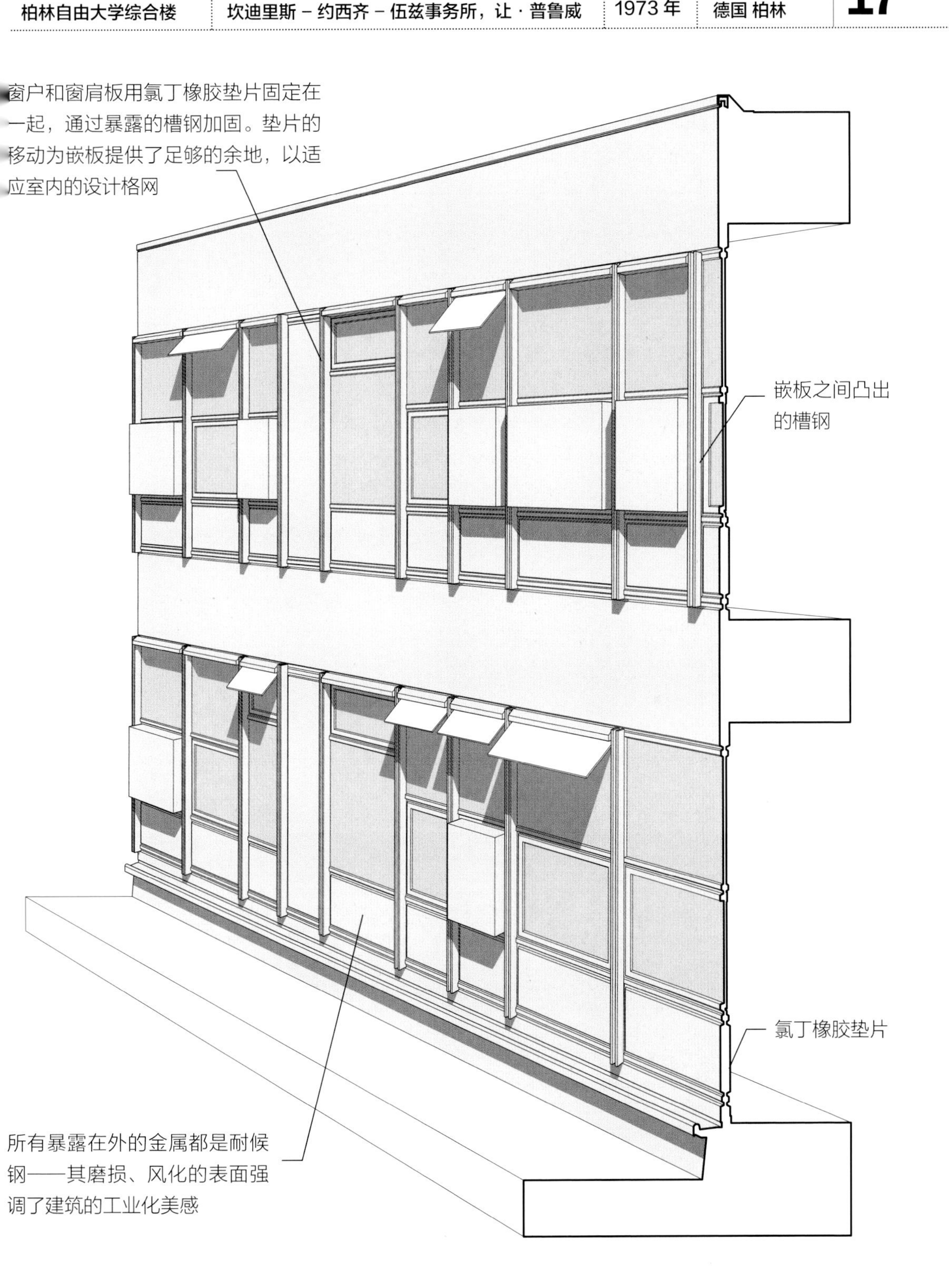
窗户和窗肩板用氯丁橡胶垫片固定在一起，通过暴露的槽钢加固。垫片的移动为嵌板提供了足够的余地，以适应室内的设计格网
嵌板之间凸出的槽钢
氯丁橡胶垫片
所有暴露在外的金属都是耐候钢——其磨损、风化的表面强调了建筑的工业化美感

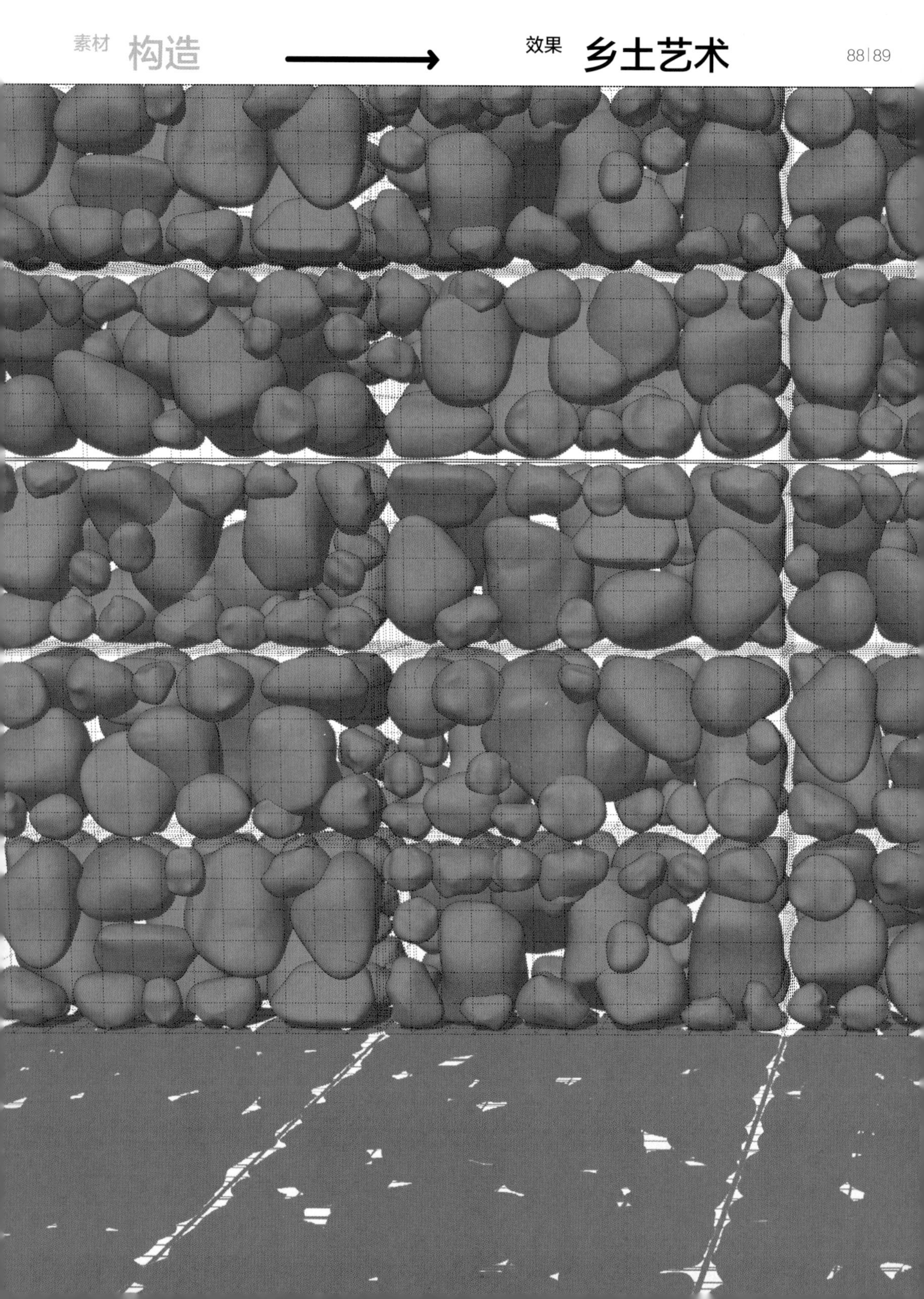

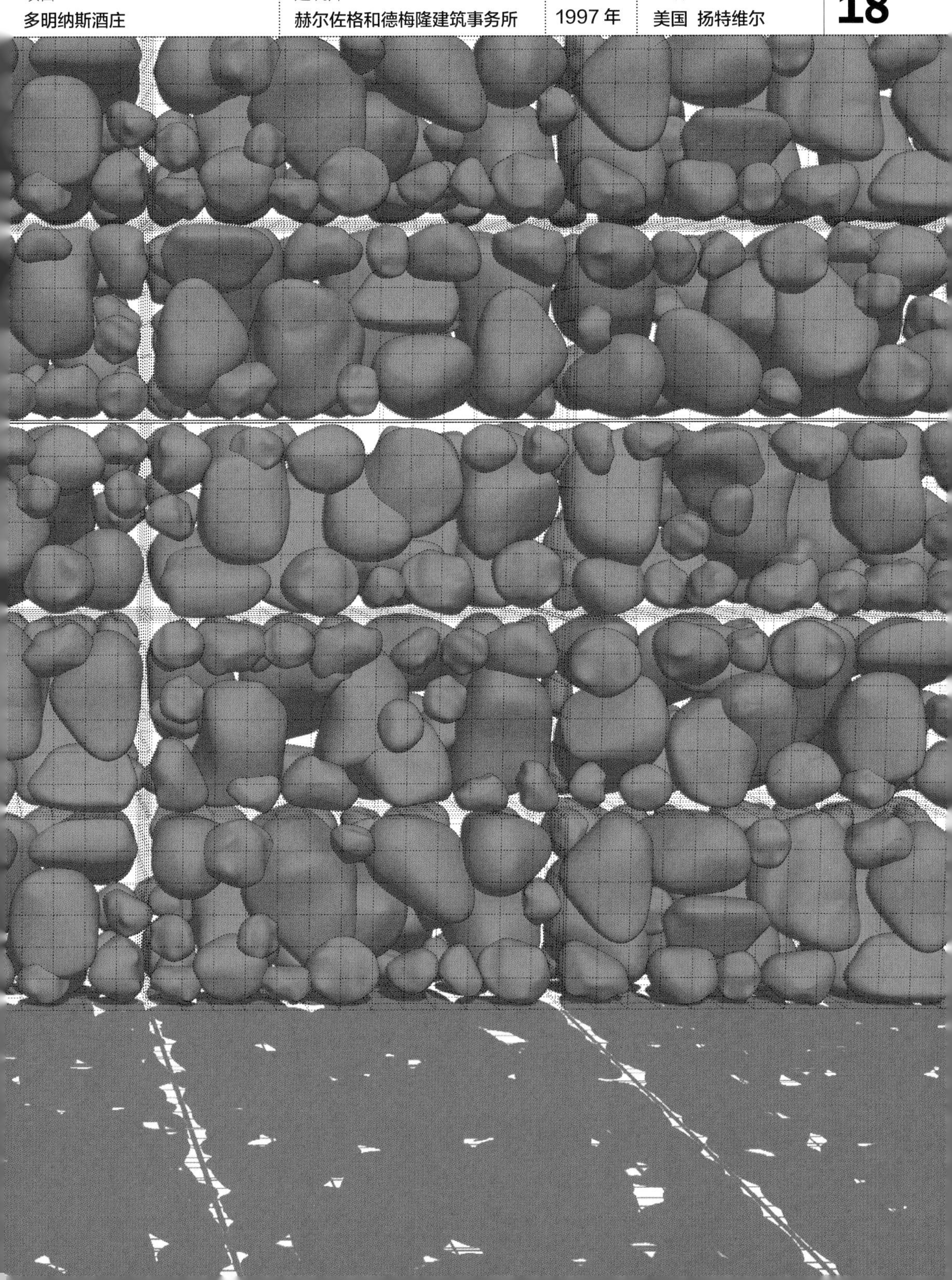

多明纳斯酒庄通过一堵石笼外墙建造出一种乡土艺术的效果。在铁丝网笼中，底部填充较小的石头，顶部填充较大的石头，产生一个复杂的石头和裂缝的视觉图案。不同尺寸的石头和岩石组成外观立面，使这堵本来具有高超技艺和精致构造的墙体，呈现出了传统的乡土艺术风格。

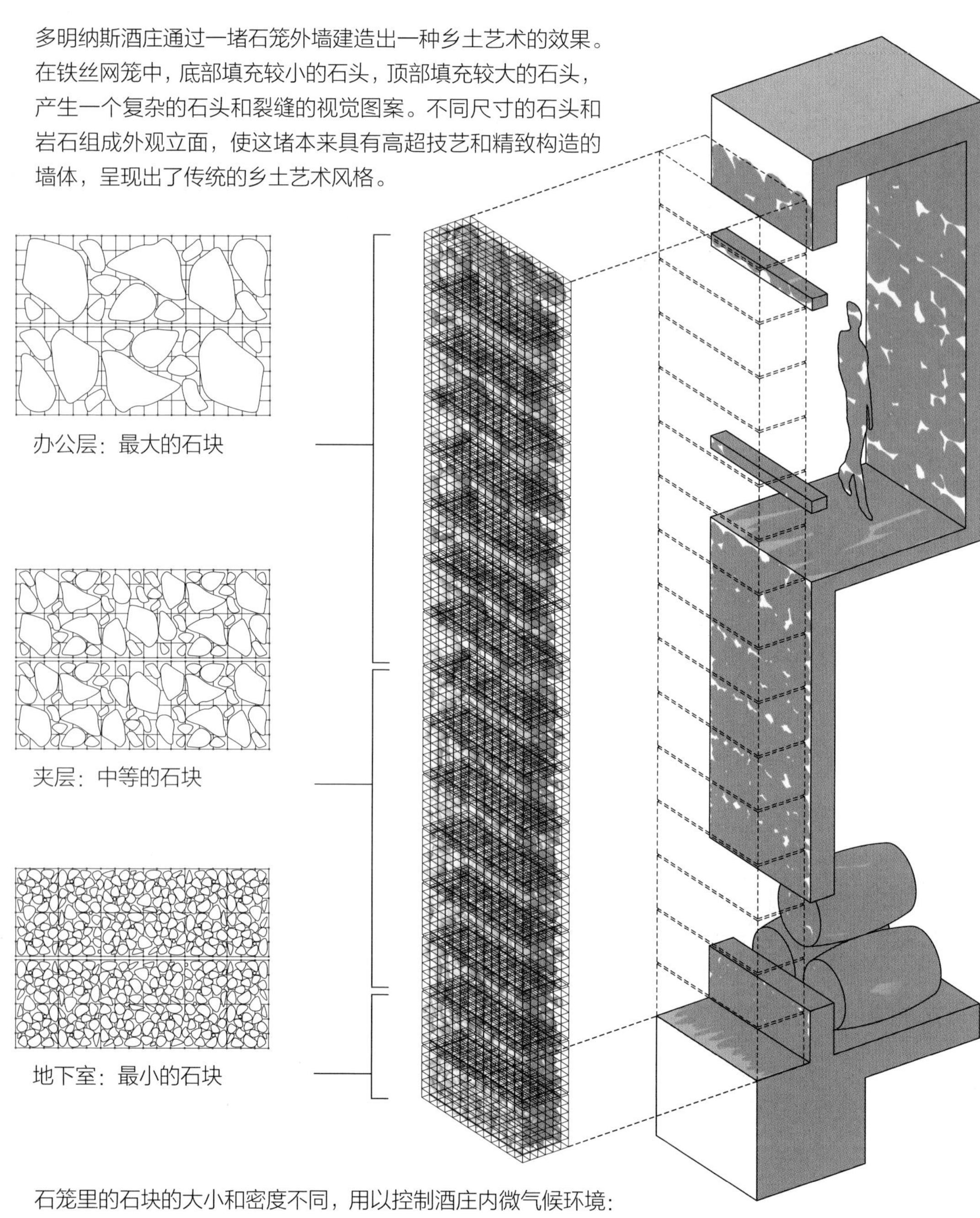

石笼里的石块的大小和密度不同，用以控制酒庄内微气候环境：细小石块密集地积聚在下部酒窖，为底层的葡萄酒存储提供荫凉；而粗大石块在上部宽松堆积，让斑驳的光线洒进顶层的办公室中。

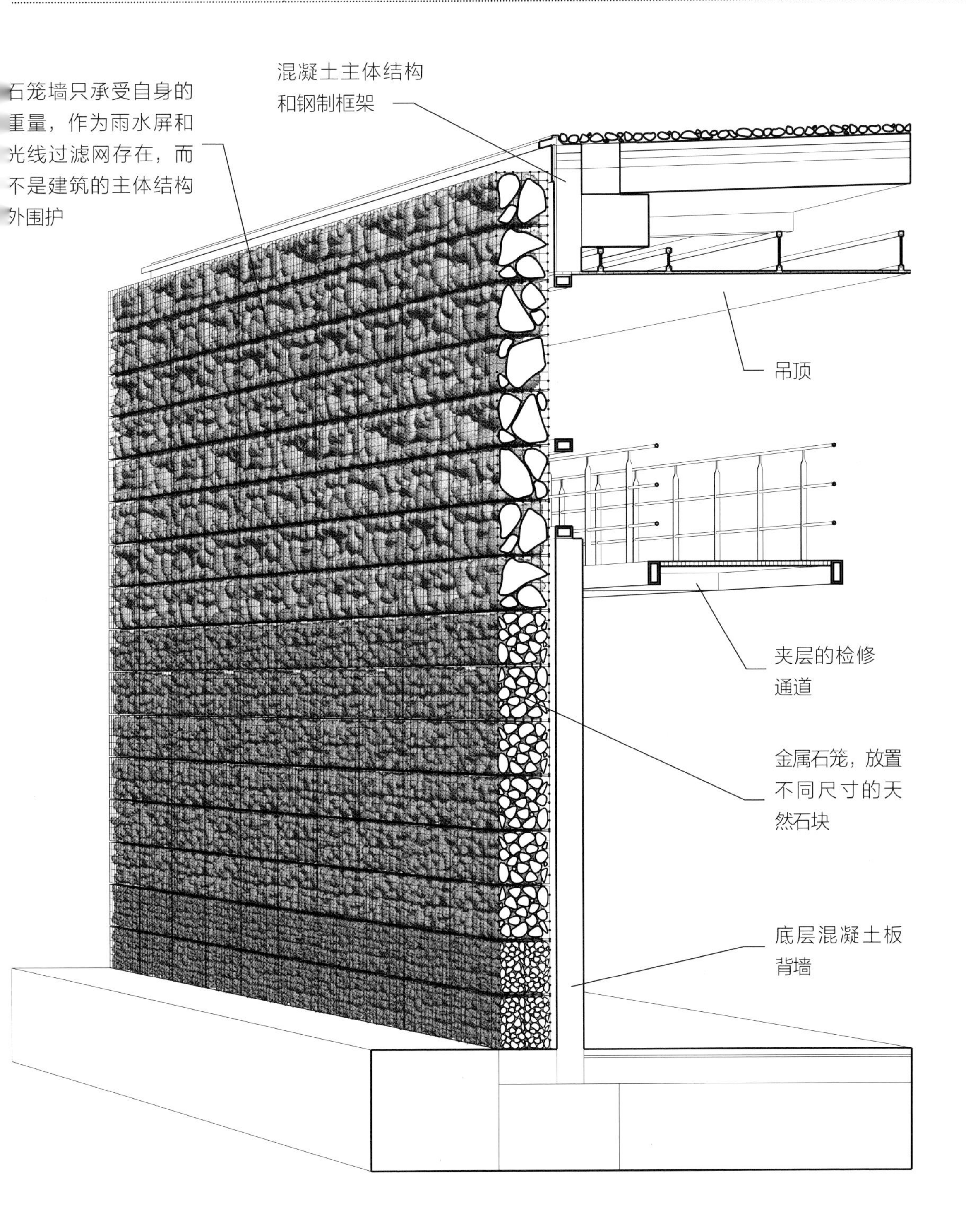
石笼墙只承受自身的重量，作为雨水屏和光线过滤网存在，而不是建筑的主体结构外围护
混凝土主体结构和钢制框架
吊顶
夹层的检修通道
金属石笼，放置不同尺寸的天然石块
底层混凝土板背墙

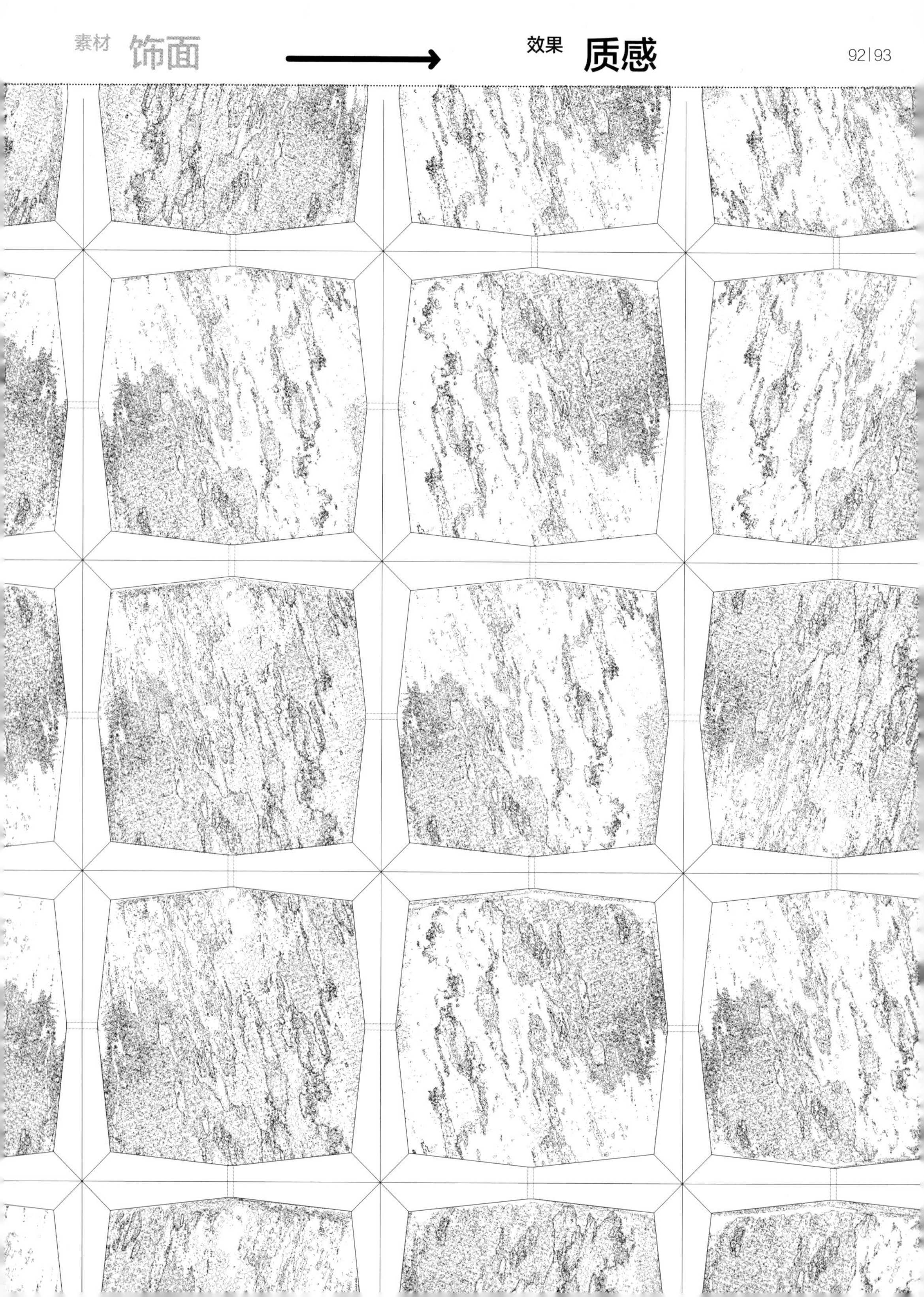

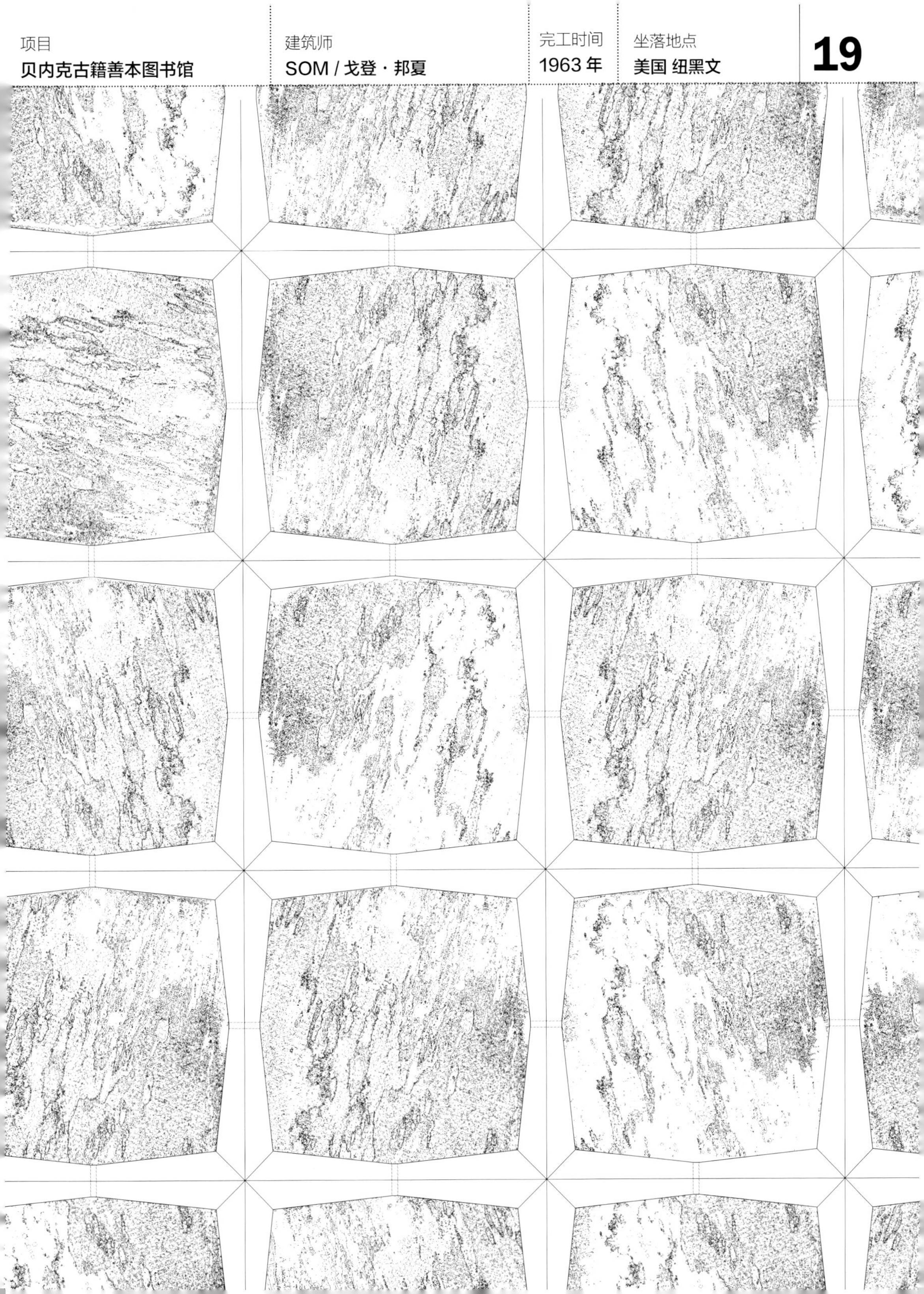

耶鲁大学贝内克古籍善本图书馆，通过一道双面表皮（每个面有不同的视觉效果），创造出质感的效果。外部是一个不透明的结构笼子，内部则是一个闪烁的半透明光线过滤器。从外部来看，结构网格的多切面饰面为不透明的盒子提供了尺度和质感；从内部看，薄薄的大理石填充板将柔和、闪烁的光线传到内部，通过半透明石板的不规则纹理，赋予了视觉上的质感。

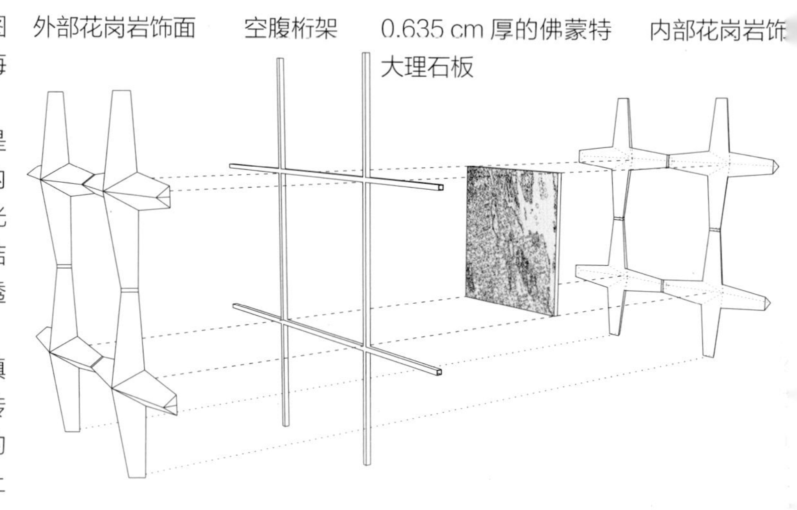

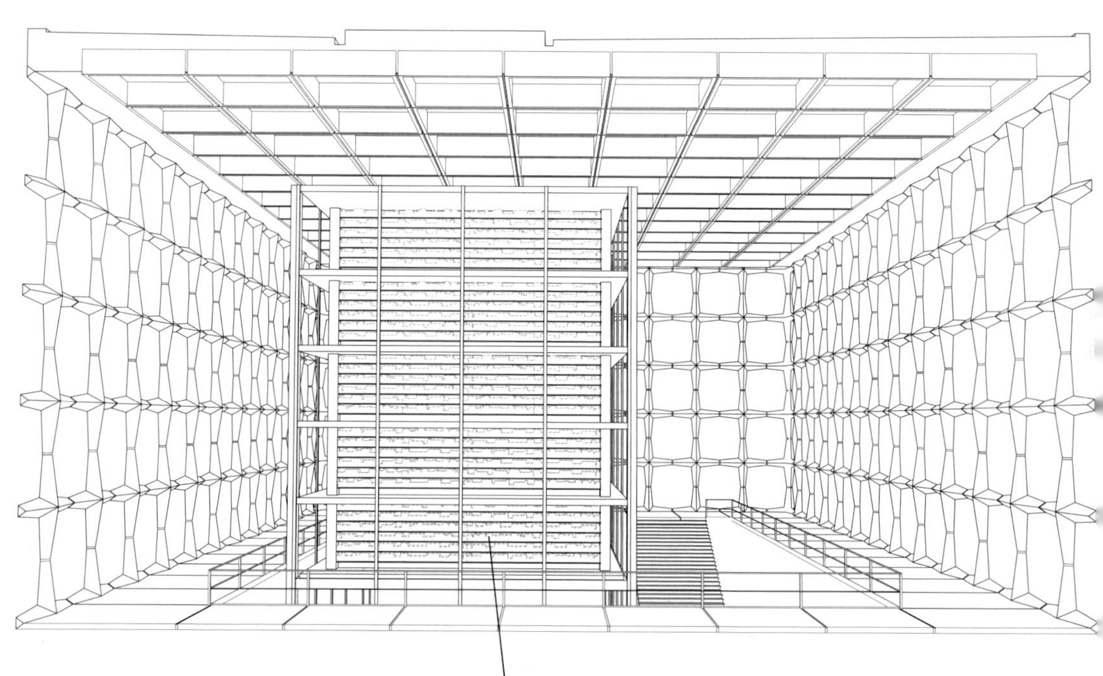

外部围护被设计成一个独立的结构笼，既可以容纳也可以保护里面的珍本书，这些书装在一个悬挂在室内的透明垂直玻璃盒子里

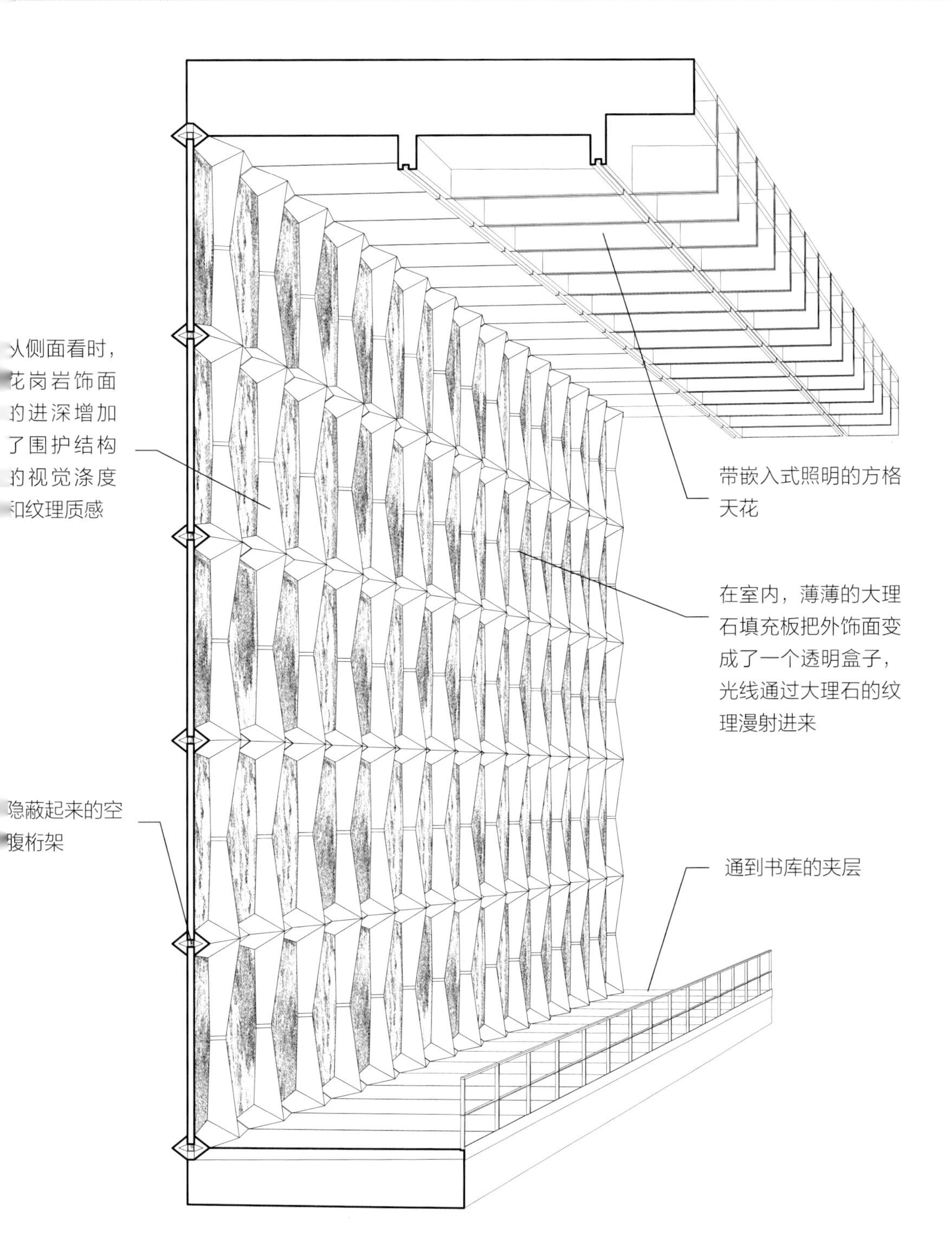

从侧面看时，
花岗岩饰面
的进深增加
了围护结构
的视觉涤度
和纹理质感
隐蔽起来的空
腹桁架
带嵌入式照明的方格
天花
在室内，薄薄的大理
石填充板把外饰面变
成了一个透明盒子，
光线通过大理石的纹
理漫射进来
通到书库的夹层

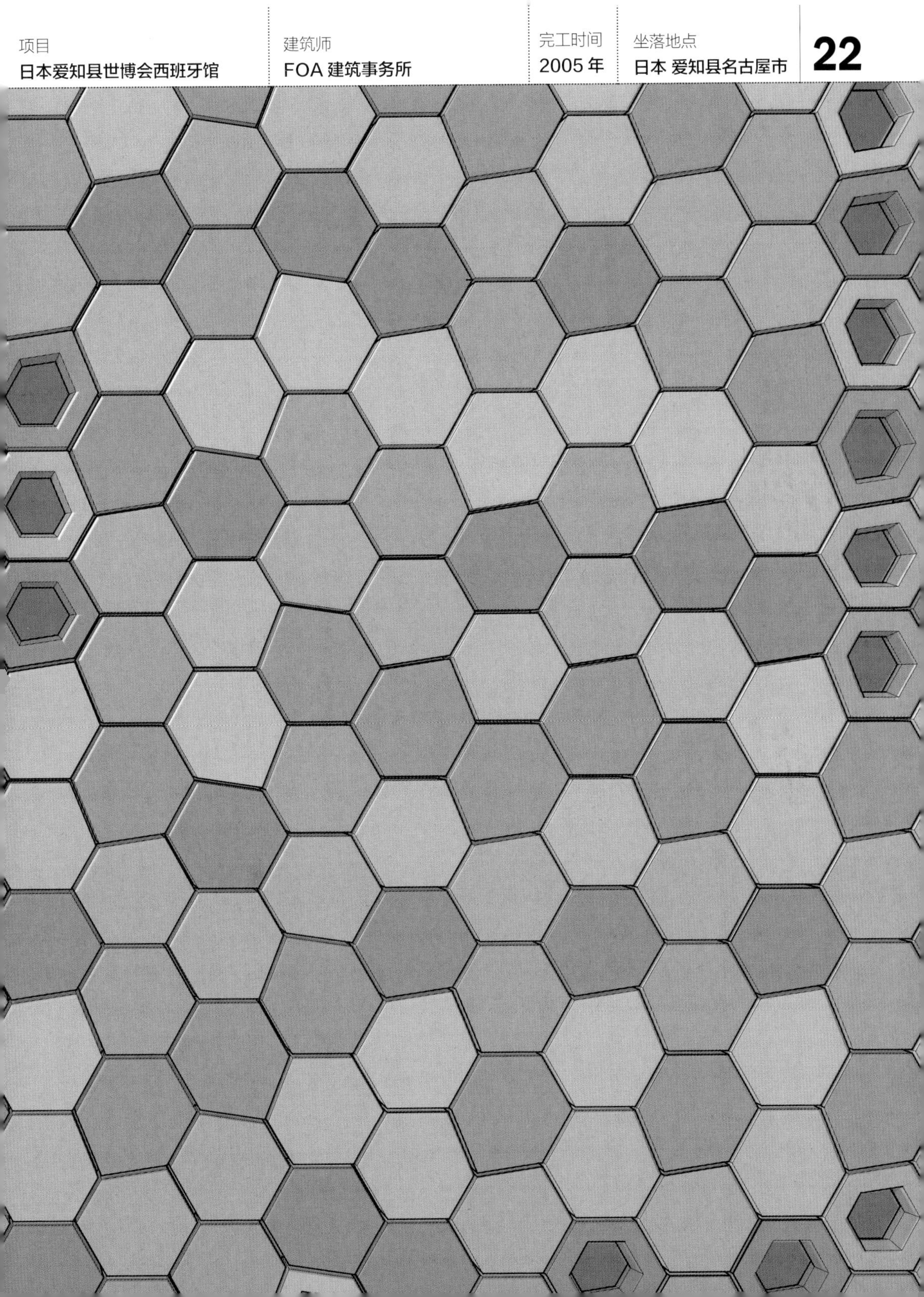

日本爱知县世博会西班牙馆通过图案营造差异化的效果，这些图案的基础是以6个规则六边形组成的模块制成的瓷砖单元。

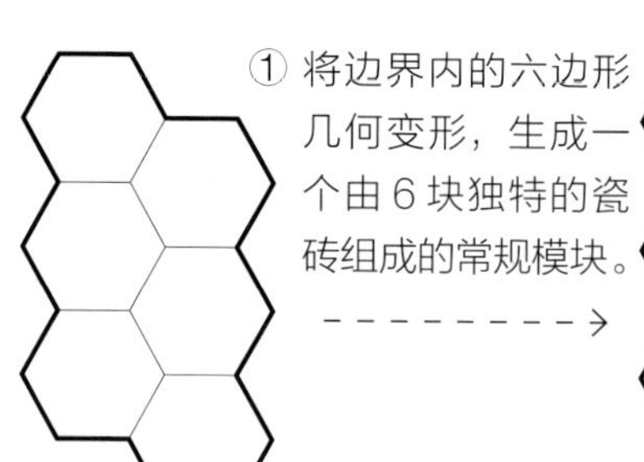

① 将边界内的六边形几何变形，生成一个由6块独特的瓷砖组成的常规模块。

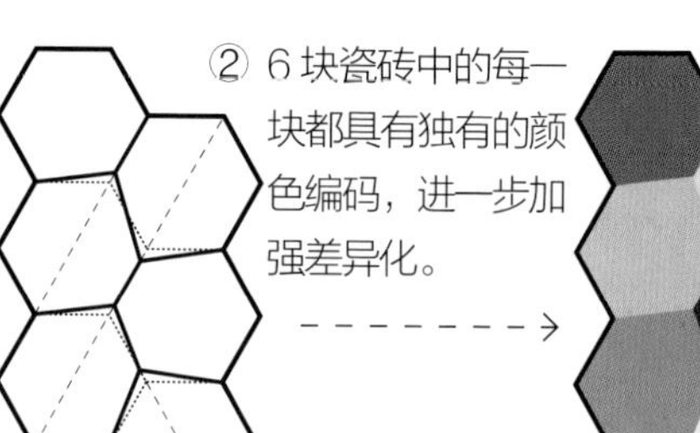

② 6块瓷砖中的每一块都具有独有的颜色编码，进一步加强差异化。

③ 瓷砖单元都被铸造成釉面瓷砖，有实心和穿孔两种版本。每一块瓷砖都分前后两面，由卡入支撑杆的支架连接。

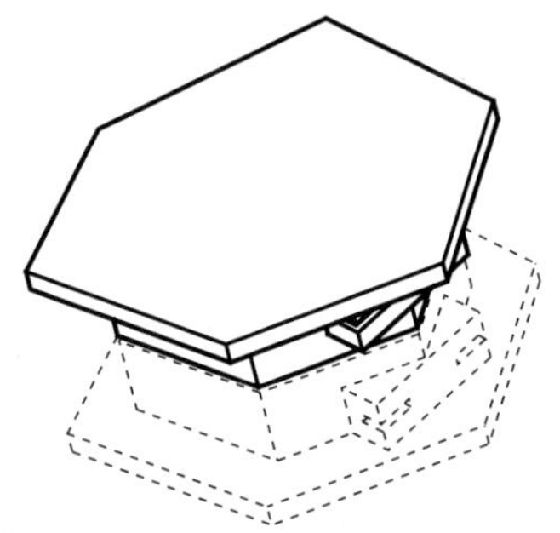

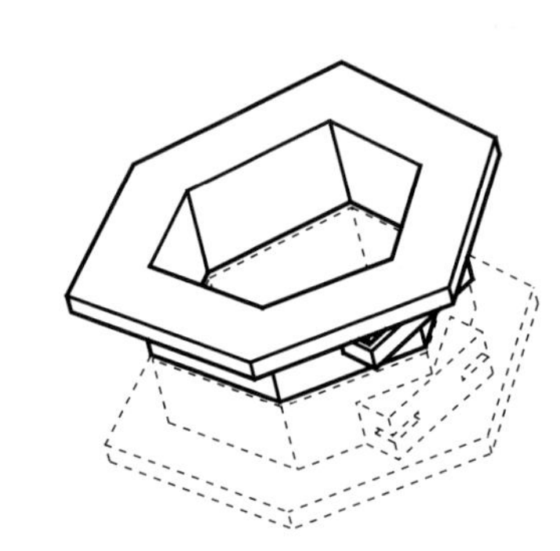

④ 每块瓷砖的基本单元被镜像和旋转，以生成四个方向的模块，然后整合形成立面图案。

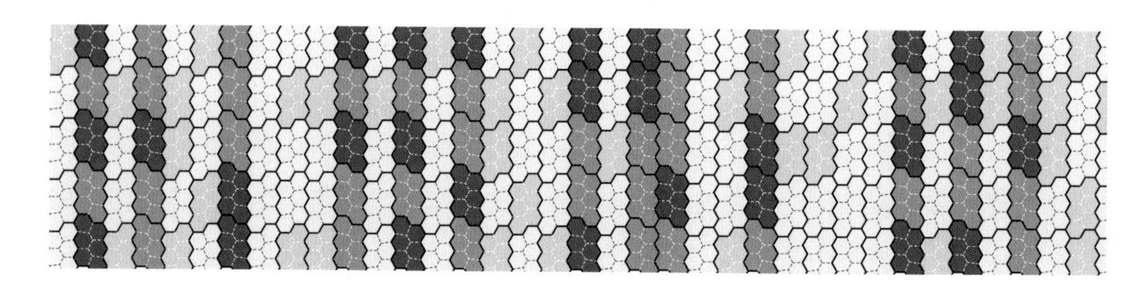

⑤ 模块之间的颜色微差进一步模糊了6块瓷砖的原始模块，加强了差异化的效果。

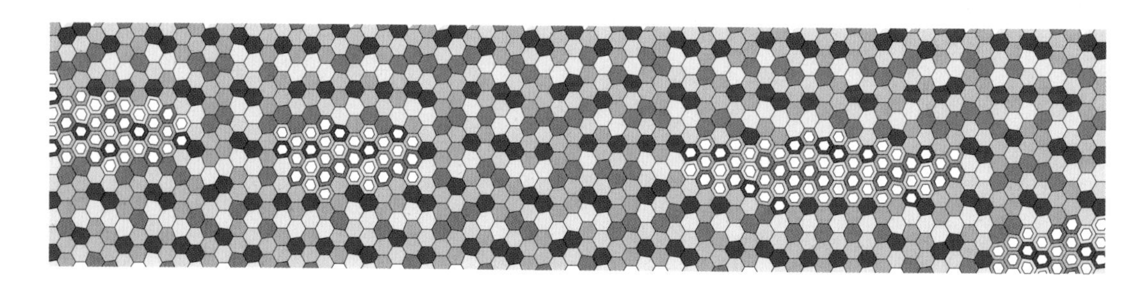

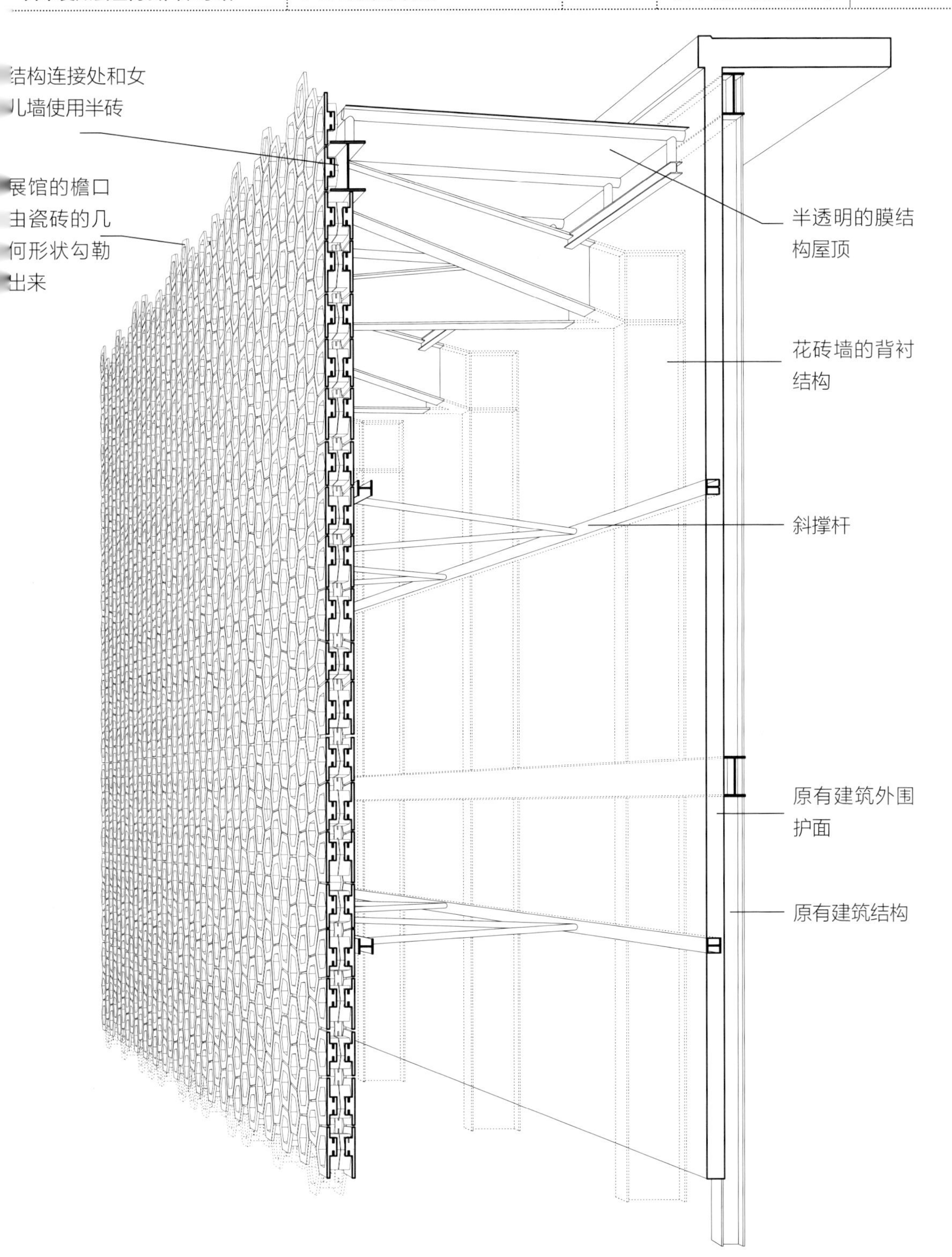
结构连接处和女
儿墙使用半砖
展馆的檐口
由瓷砖的几
何形状勾勒
出来
半透明的膜结
构屋顶
花砖墙的背衬
结构
斜撑杆
原有建筑外围
护面
原有建筑结构

约翰·路易斯百货商场利用四种不同的嵌板图案，通过边缘共享相同的图案来实现无缝拼接，从而生成刺绣的效果。图案有透明的和不透明的区域，在两个分层上重复，使得外围护在侧斜观看时透明的区域少一些，而在正面观看时，透明的区域多一些。从外部赋予商店楼层空间以高度的私密性（在城市环境中典型的观看角度是侧斜的），而从内部保留最多的视野和光线（主要的观看角度是正面的）。背景的砖片图案，映射在外层的镜面玻璃上，与应用的几何图案相结合，创造出刺绣的效果。

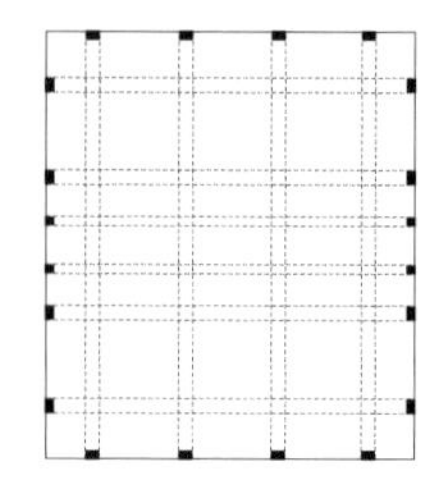

A

B

C

D

四种花纹不同的嵌板在其外缘共享相同的图案，使嵌板得以无缝拼接，生成遍布整个外围护界面的刺绣的效果。

B	B	B	C_R	A_R	A	D	D_R	A_R	D	A_R	A_R
C_R	A_R	A_R	D	B_R	D	D_R	A	D_R	D_R	B_R	D
C_R	C_R	B_R	C	A	B_R	D	D_R	B	A_R	C	B

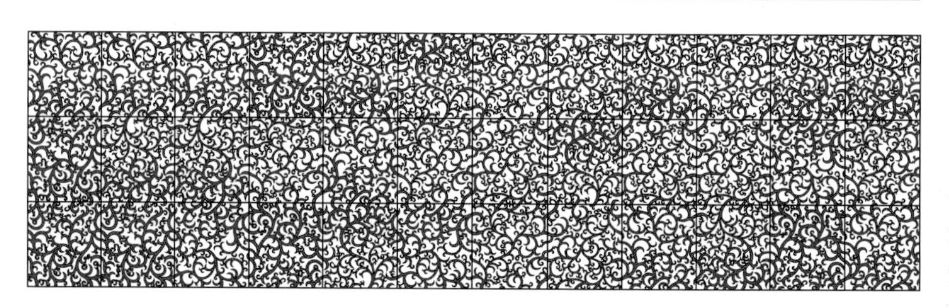

当从镜面玻璃下方侧斜看过去时，由于映射和背后的图案同时可见，所以难以判断图案的深度。

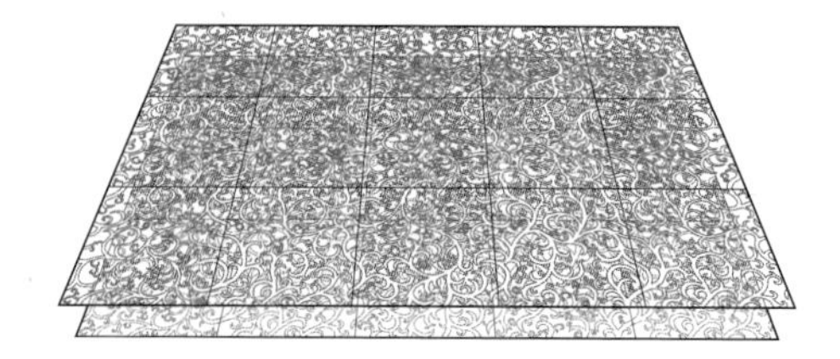

从店内正面向外看时，两层图案重叠，给商场室内提供更大的透明度。

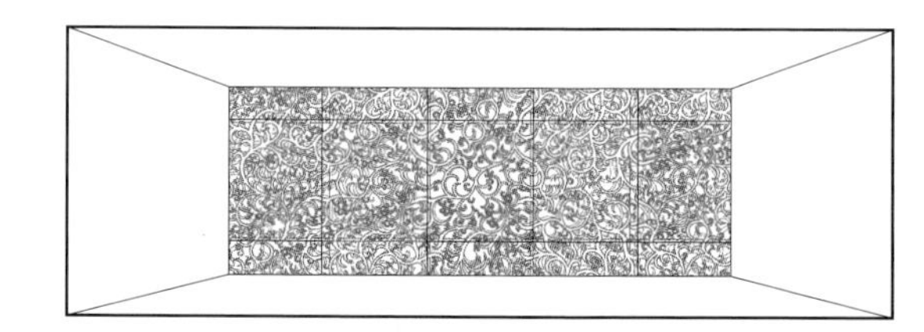

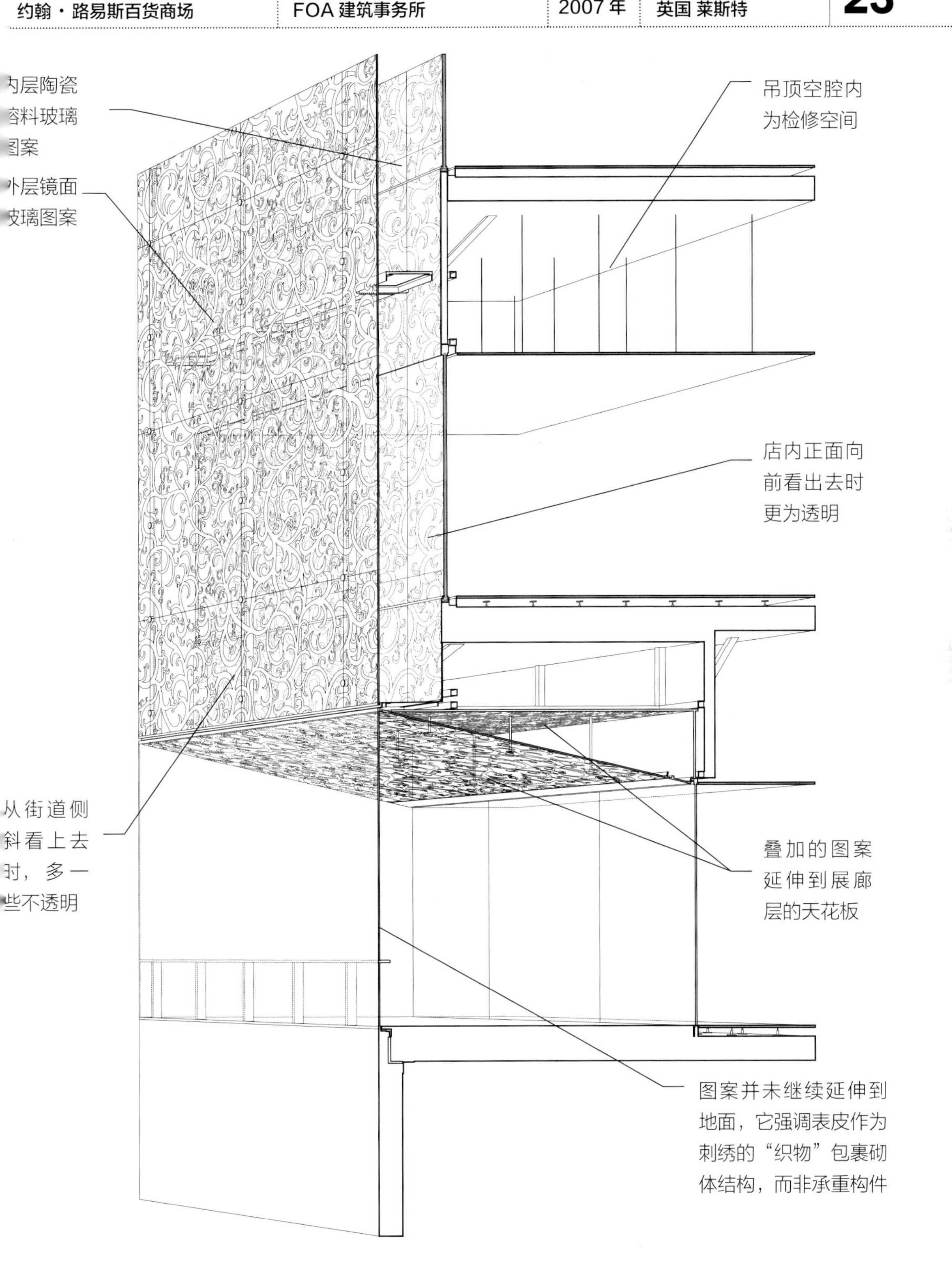
内层陶瓷
熔料玻璃
图案
外层镜面
玻璃图案
吊顶空腔内
为检修空间
店内正面向
前看出去时
更为透明
从街道侧
斜看上去
时，多一
些不透明
叠加的图案
延伸到展廊
层的天花板
图案并未继续延伸到
地面，它强调表皮作为
刺绣的“织物”包裹砌
体结构，而非承重构件

项目	建筑师	完工时间	坐落地点	
墨尔本联邦广场大厅	Lab 建筑事务所	2003 年	澳大利亚 墨尔本	**24**

墨尔本联邦广场大厅的外围护通过其外部饰面层结构提供的图案，营造了复杂性效果，利用一个二维的规则图案生成看起来随机的三维元素组合。

① 一个长短边比例为 2 ：1 的三角形以规则图案平铺后，生成一个简单的二维嵌套的风车几何形状。

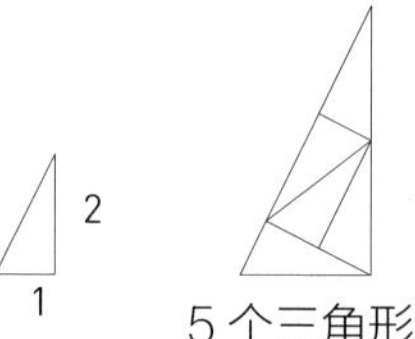

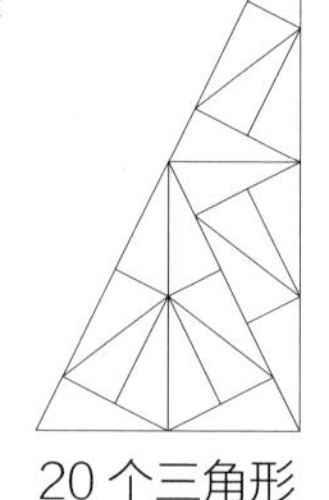

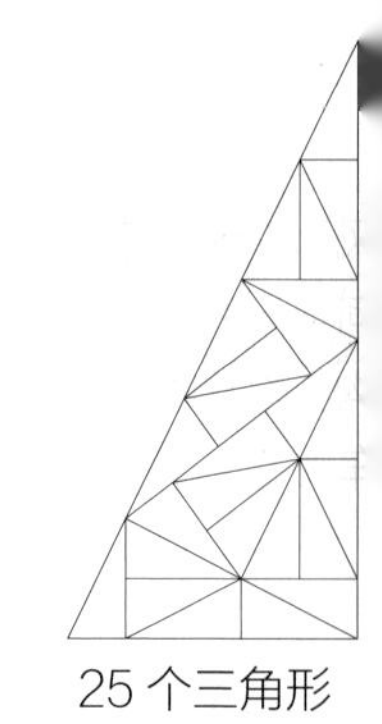

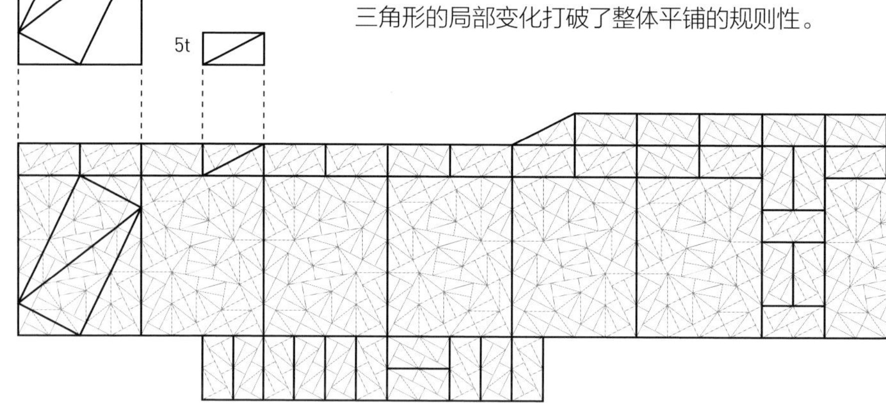

② 沿整个外围护周边界面，图案平铺在规则矩形拼贴片中。每个拼贴片中，三角形的局部变化打破了整体平铺的规则性。

③ 图案被挤压成两层后，随机地将图案构件分配到内层或外层，中间增设独立斜撑构件，在图案的规则性之外，增强了外观效果的复杂性。

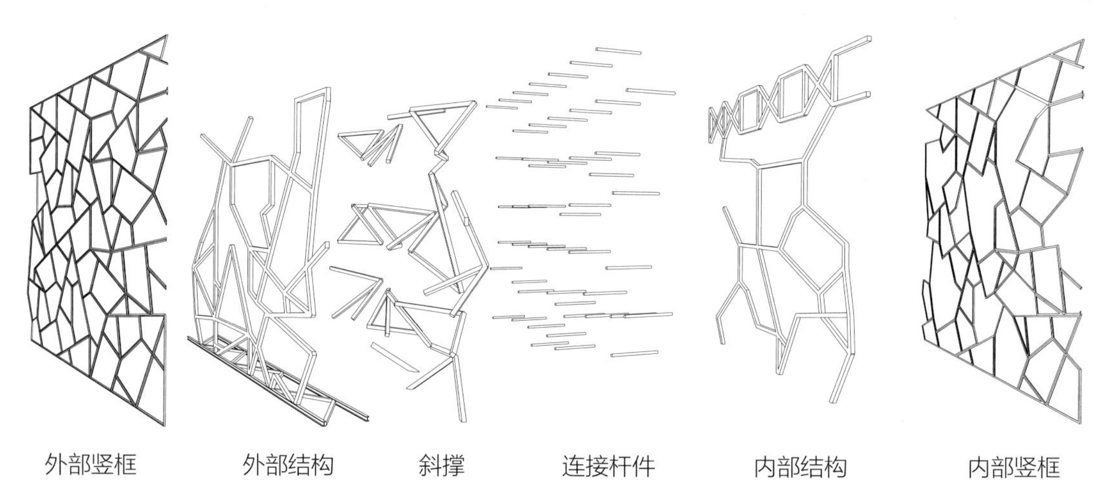

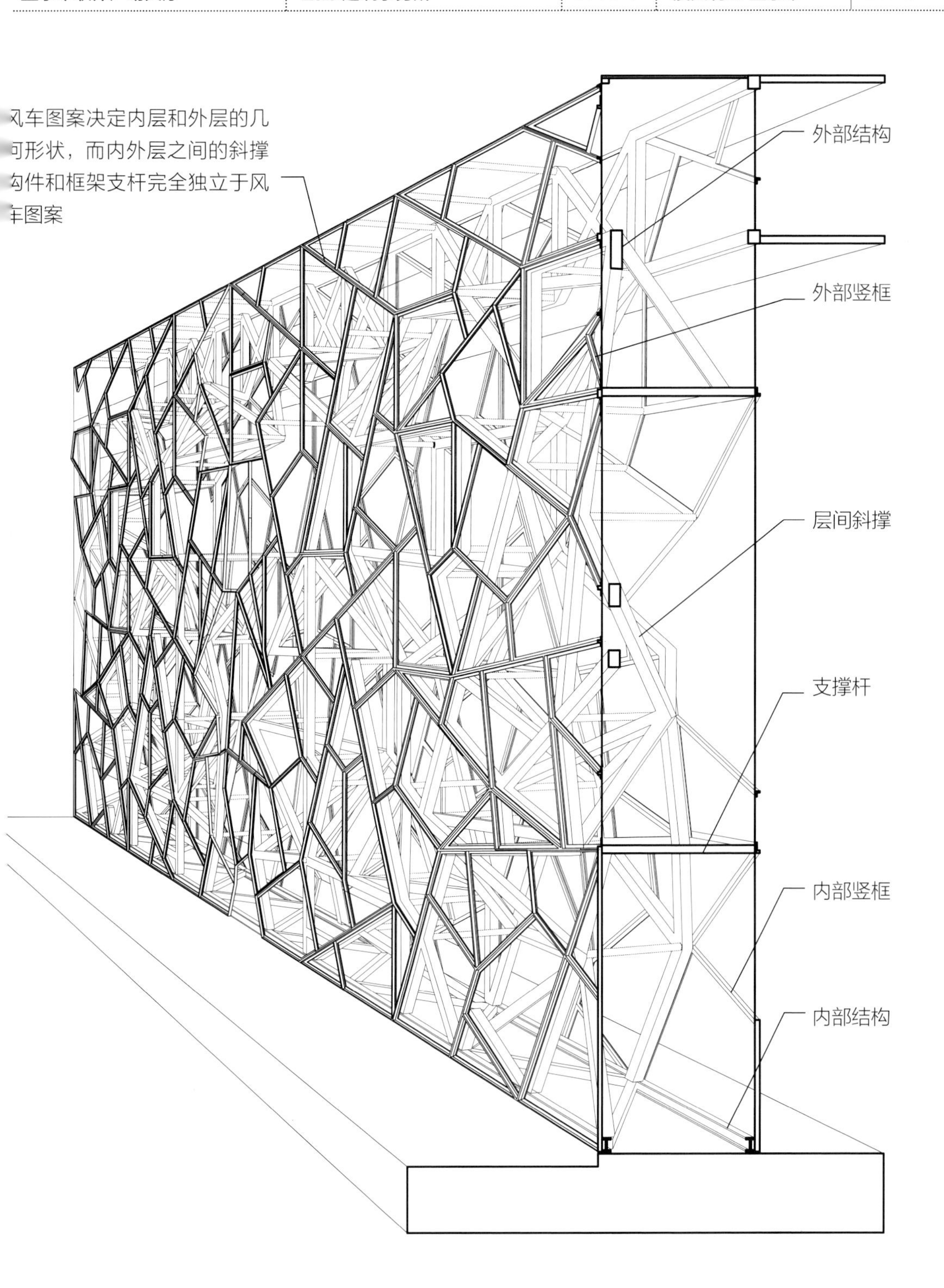
风车图案决定内层和外层的几
形状，而内外层之间的斜撑
件和框架支杆完全独立于风
图案
外部结构
外部竖框
层间斜撑
支撑杆
内部竖框
内部结构

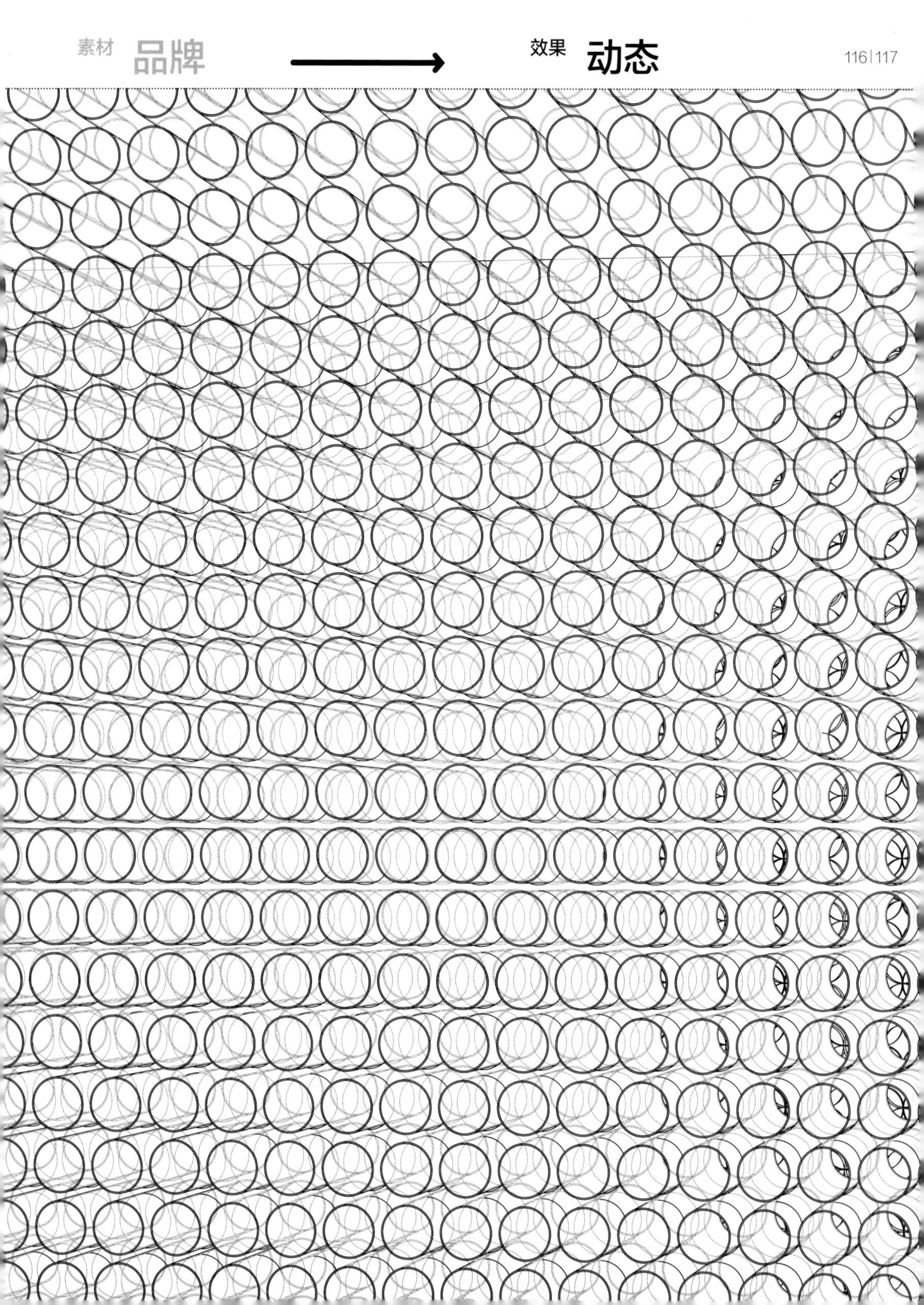

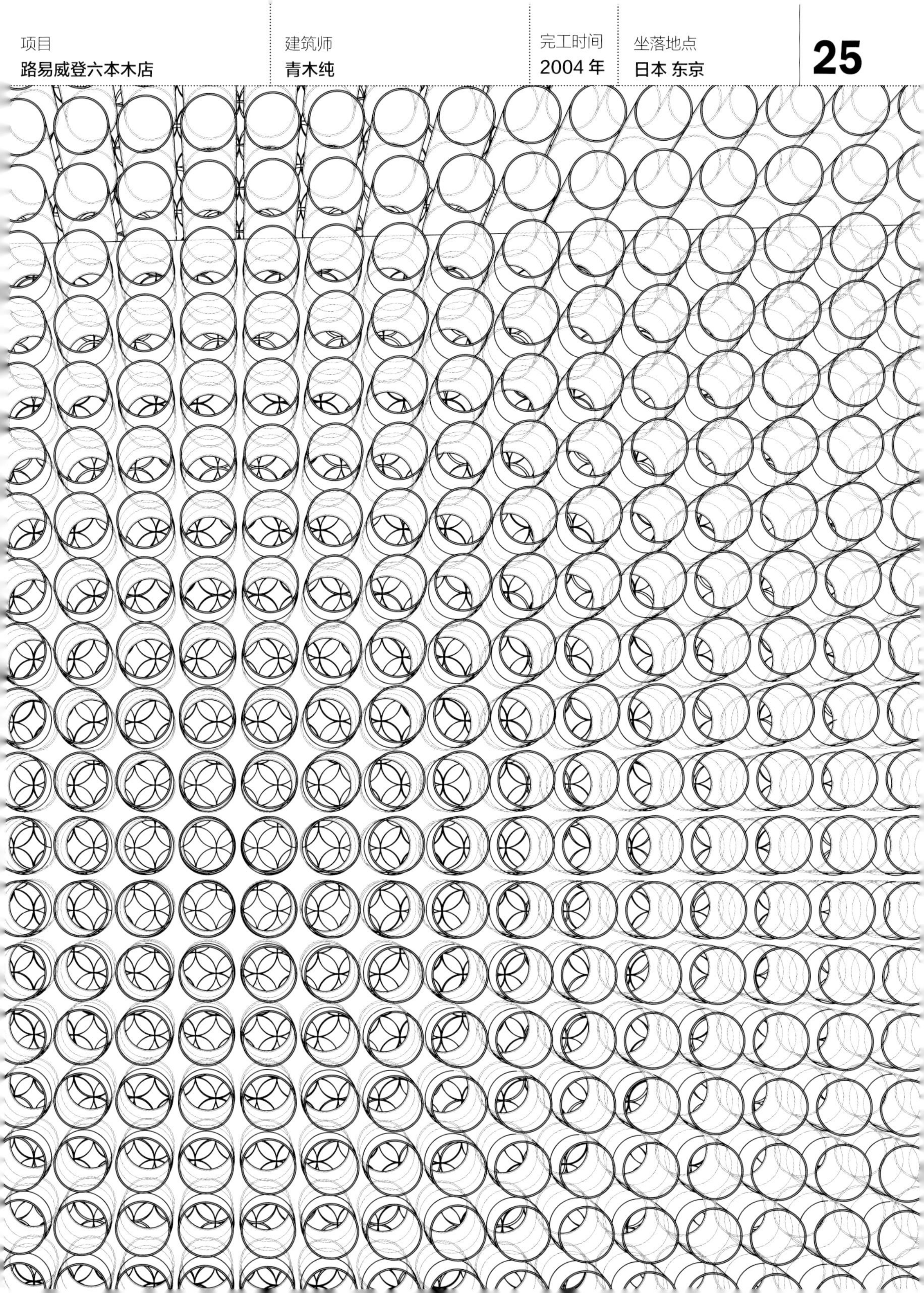

路易威登六本木店的动态效果是通过与路易威登品牌相关的圆形图案产生的，由玻璃、玻璃管和多孔不锈钢等多层材料挤压成厚屏。路易威登品牌标识的圆形抽象元素由不同的建筑材料进行重构，这些建筑材料在建筑室内产生透明和反射的不同条件。

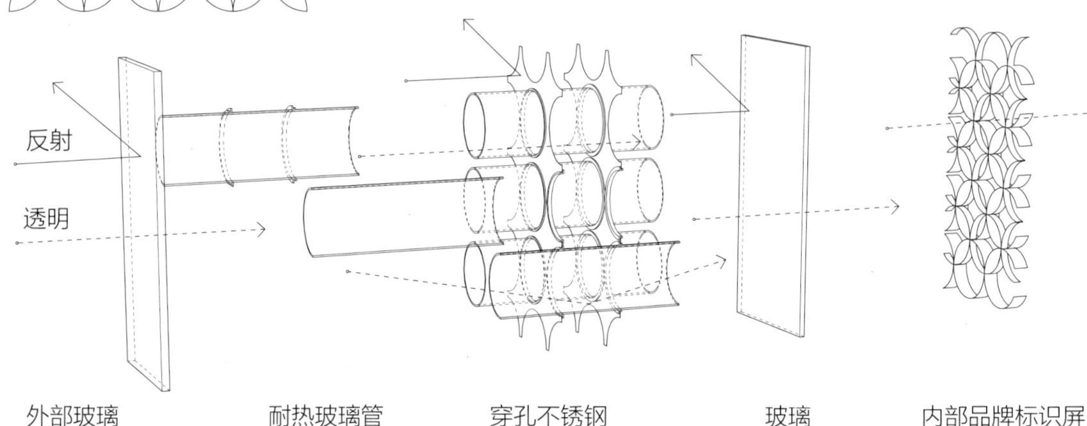

多层材料组合形成厚屏，从不同的角度看时，有不同的透明度或不透明度：视点越正，透明度越高，从侧斜看时，透明度越低。

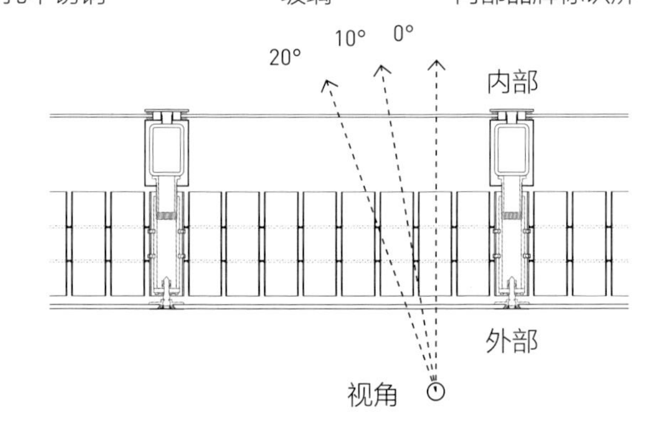

根据视角变化的孔隙率

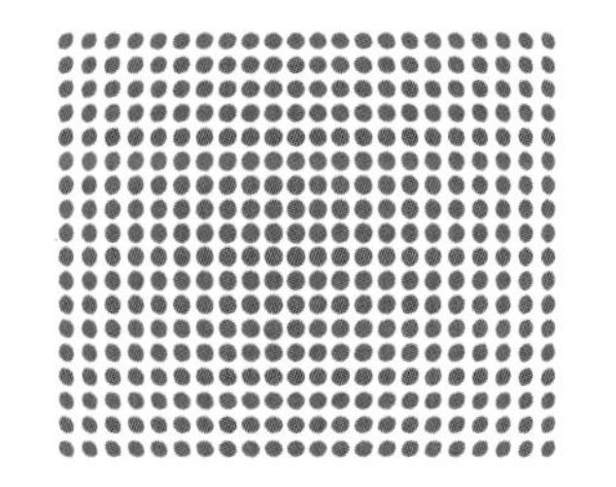

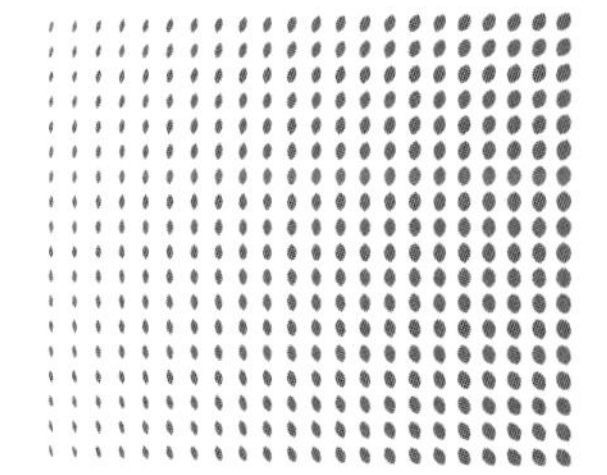

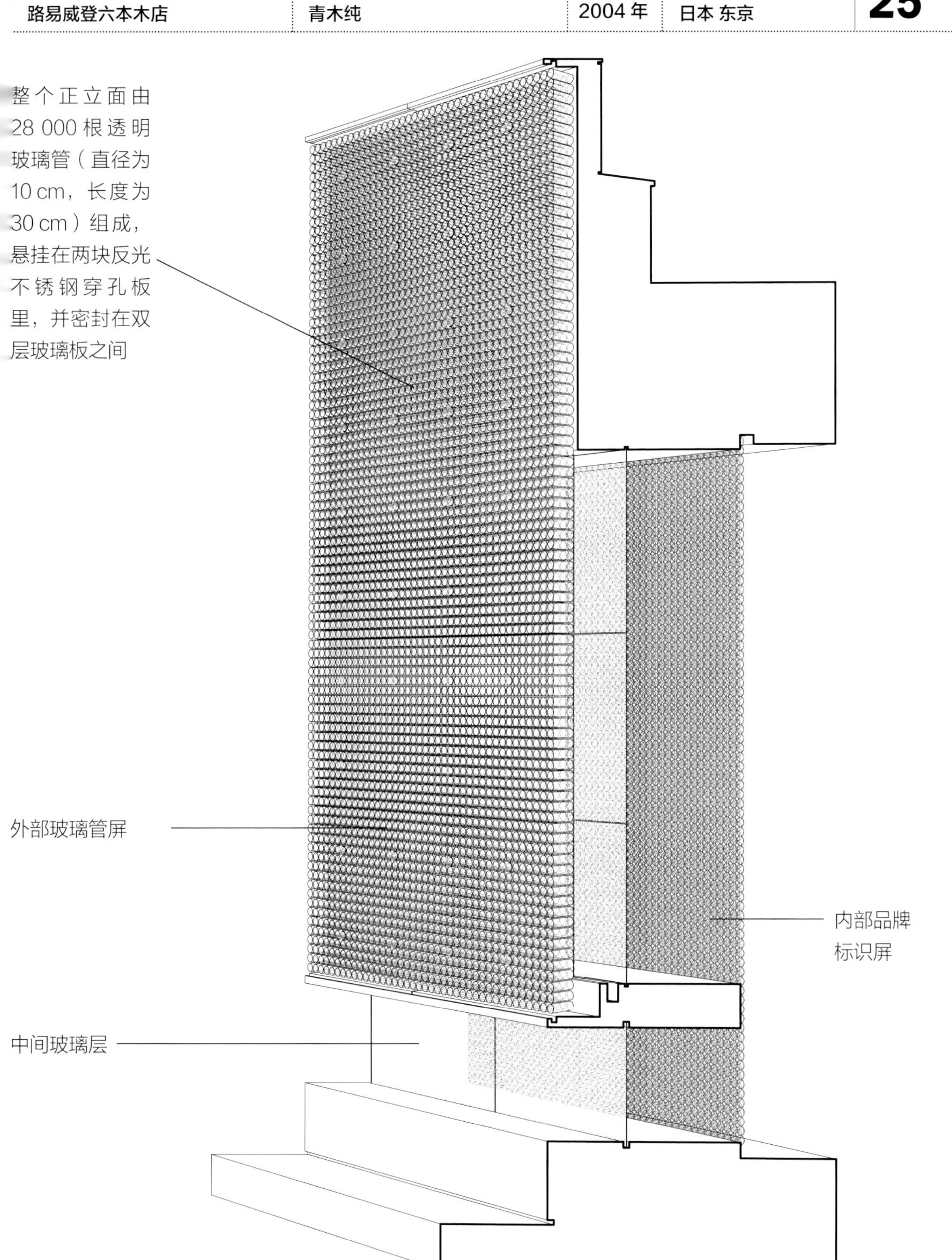
整个正立面由28 000根透明玻璃管（直径为10 cm，长度为30 cm）组成，悬挂在两块反光不锈钢穿孔板里，并密封在双层玻璃板之间
外部玻璃管屏
内部品牌标识屏
中间玻璃层

带有品牌标识的路易威登包

路易威登名古屋店的外玻璃表皮融入了路易威登品牌的棋盘式标识，相同的图案打印在距玻璃表皮 1.15 m 的实心墙外表皮上。相同的表皮图案和分层之间的距离，打造出摩尔纹的效果，给外屏以模棱两可的厚度感。

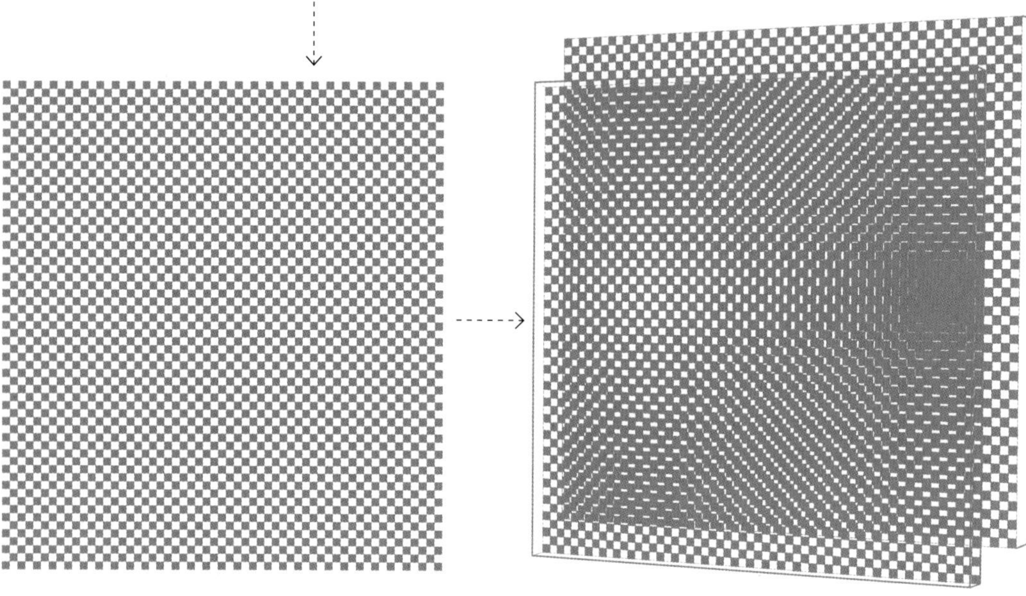

标识图案

交叠形成摩尔纹效果

基于建筑内的功能布局区域，陈列盒被放置在内外层玻璃形成的纵深处。架在两层玻璃之间，形成一系列悬浮的陈列盒，通过摩尔纹图案的散射屏可以看到。

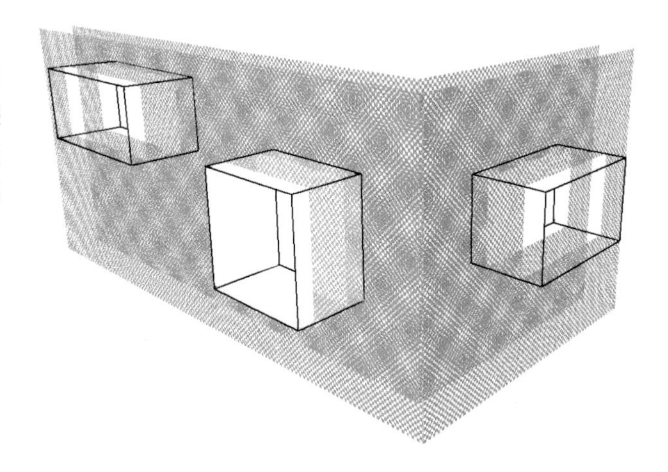

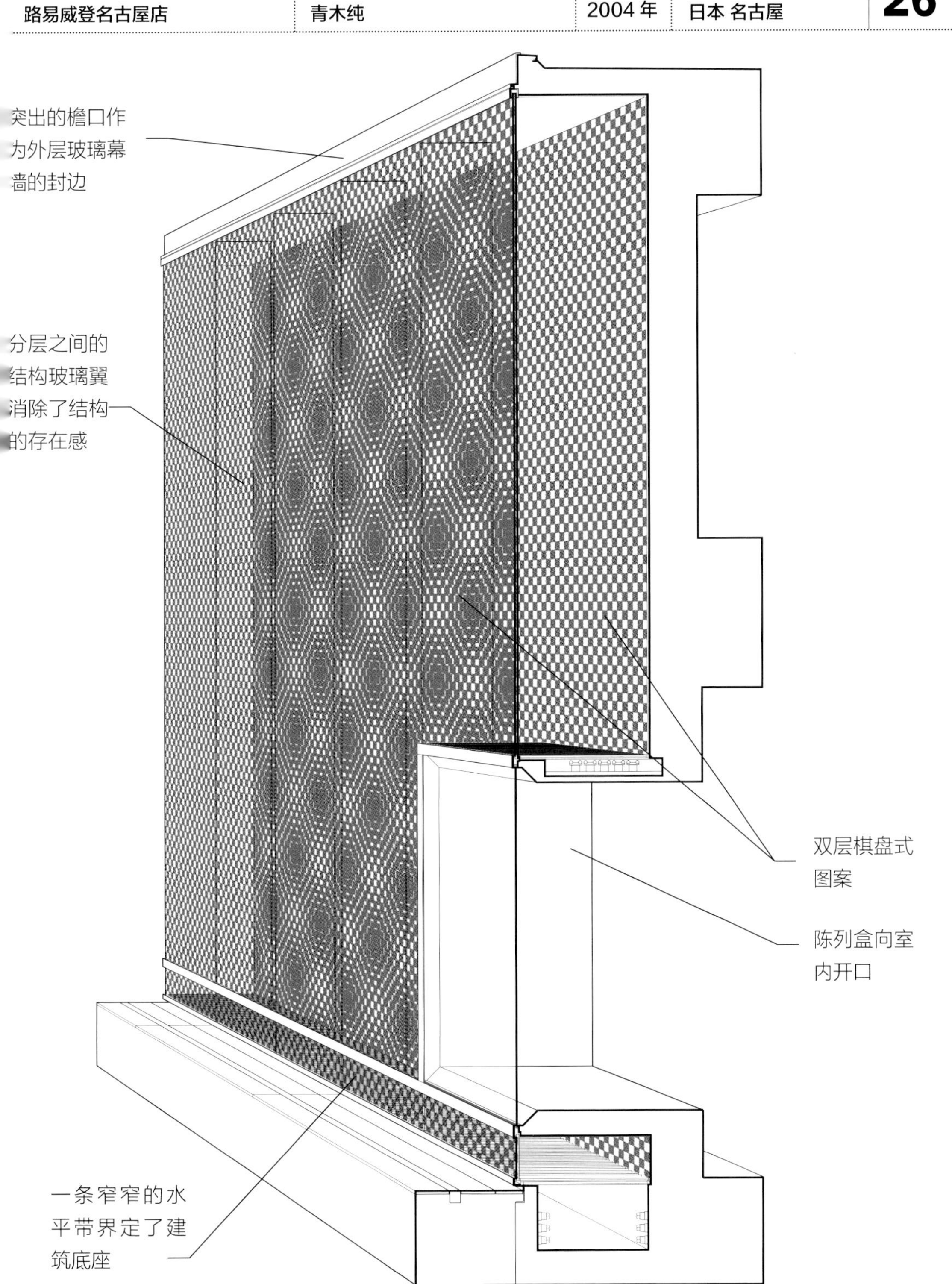
突出的檐口作为外层玻璃幕墙的封边
分层之间的结构玻璃翼消除了结构的存在感
双层棋盘式图案
陈列盒向室内开口
一条窄窄的水平带界定了建筑底座

德扬博物馆的浮雕铜质的外墙面将环境中的植被图像作为“素材”，将其转化为像素矩阵，然后构建为一系列三维的浮雕和穿孔，以产生差异化的效果。由此产生的梯度变化图案并不依赖于生成它的图像的清晰度，而是创建一系列不同的孔洞，与周围景观产生共鸣。

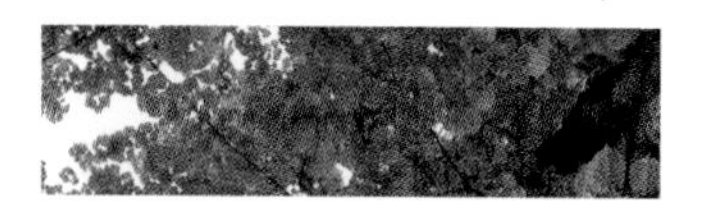

① 去色：现场植被的图像。

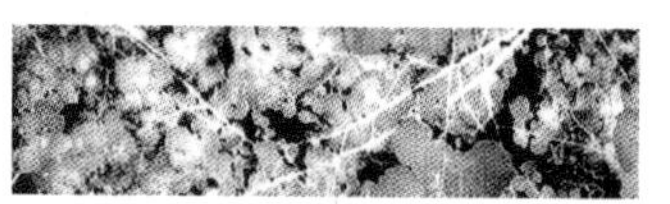

② 反转：黑白两色相互转换。

③ 像素化：将色调转化为点阵。

④ 像素化图案被转译为交替的凸凹的浮雕点状网格，浮雕点状网格有四种不同深度，较深区域呼应图像中的较暗区域。每块铜板包含 7 × 30 个浮雕点状区域。

⑤ 根据通风和照明要求，六种直径不同的穿孔被投射到铜板上，每块铜板上有 12 × 50 个网格。

⑥ 步骤④、⑤两种图案叠加后，由于图案的错位，穿孔不会抵消浮雕点。

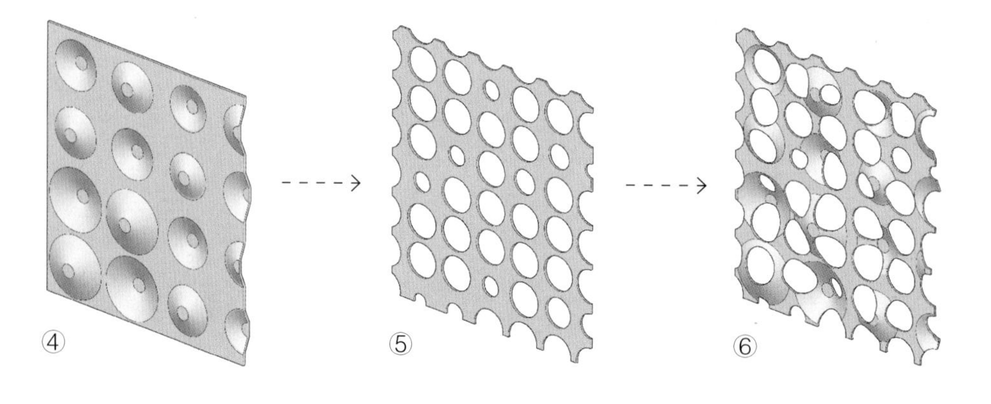

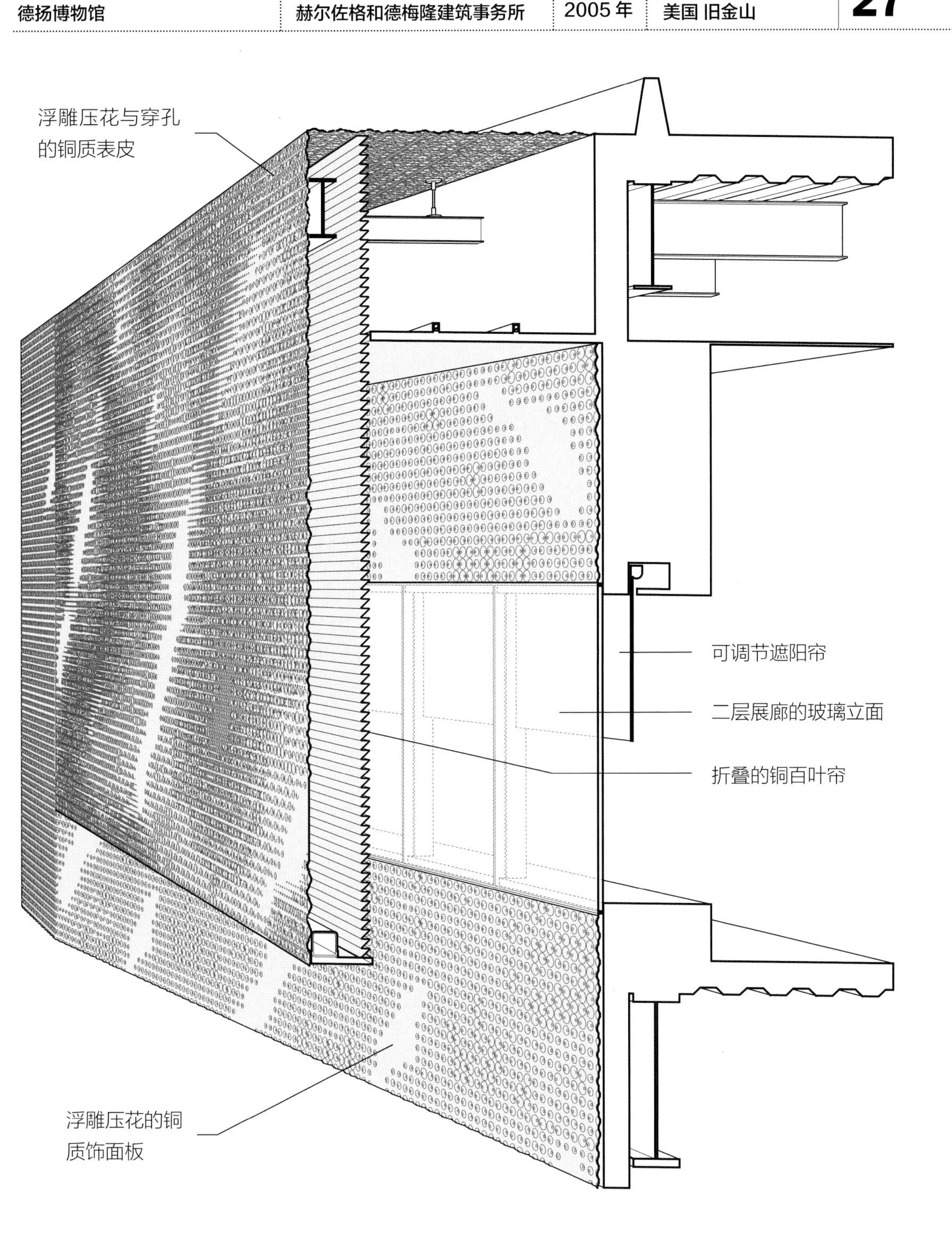
浮雕压花与穿孔
的铜质表皮
可调节遮阳帘
二层展廊的玻璃立面
折叠的铜百叶帘
浮雕压花的铜
质饰面板

项目	建筑师	完工时间	坐落地点	28
阿格巴大厦	**让 · 努维尔**	2004 年	**西班牙 巴塞罗那**	

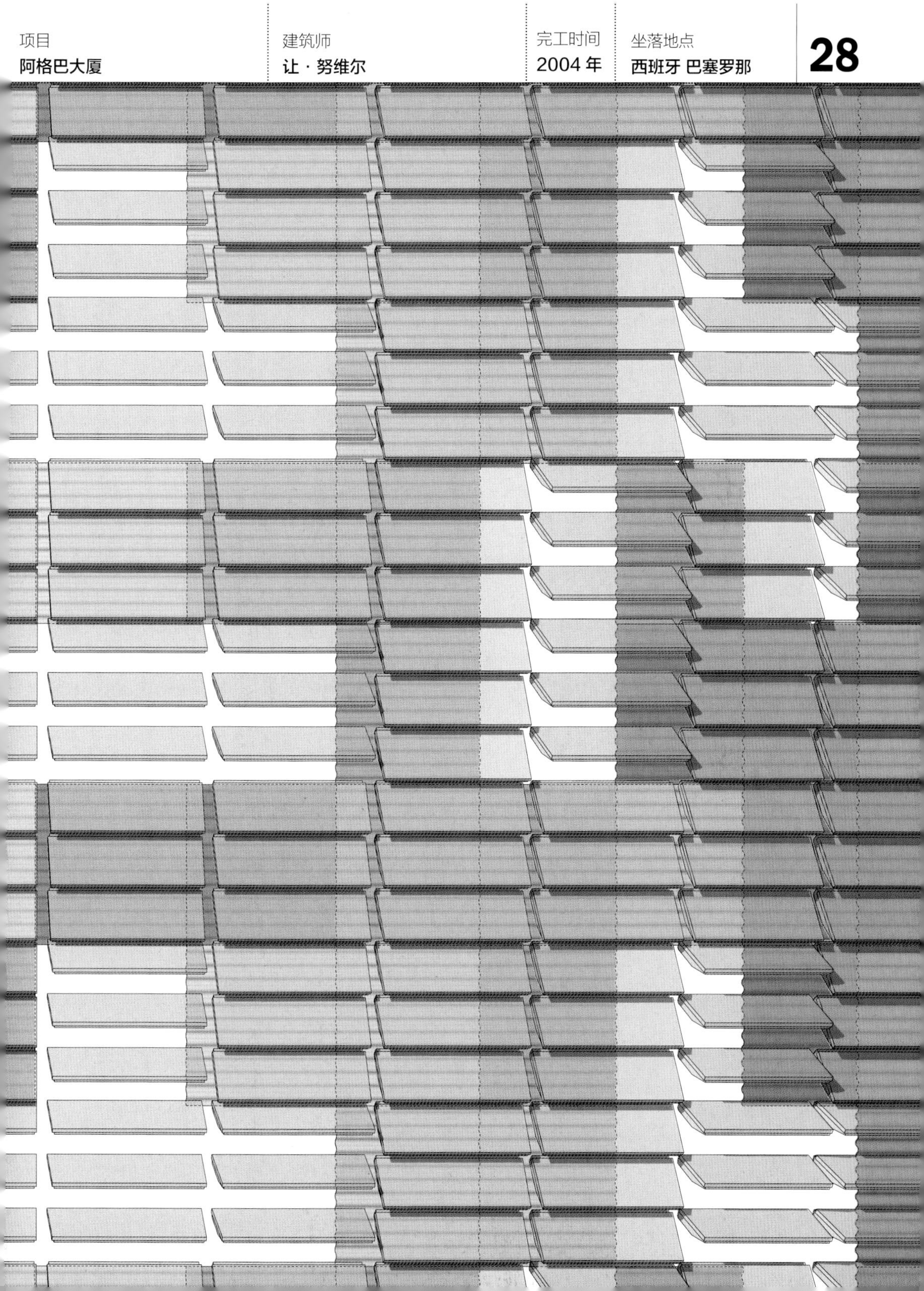

阿格巴大厦的外表皮探索了一种差异化的效果，通过色彩将窗户开口和实体墙统一在像素化的方形图案中。不同颜色的方形饰面板图案和不规则的窗户洞口结合起来，创造出一种差异化的外观，屏蔽外表皮的水平百叶条则加强了这种效果。

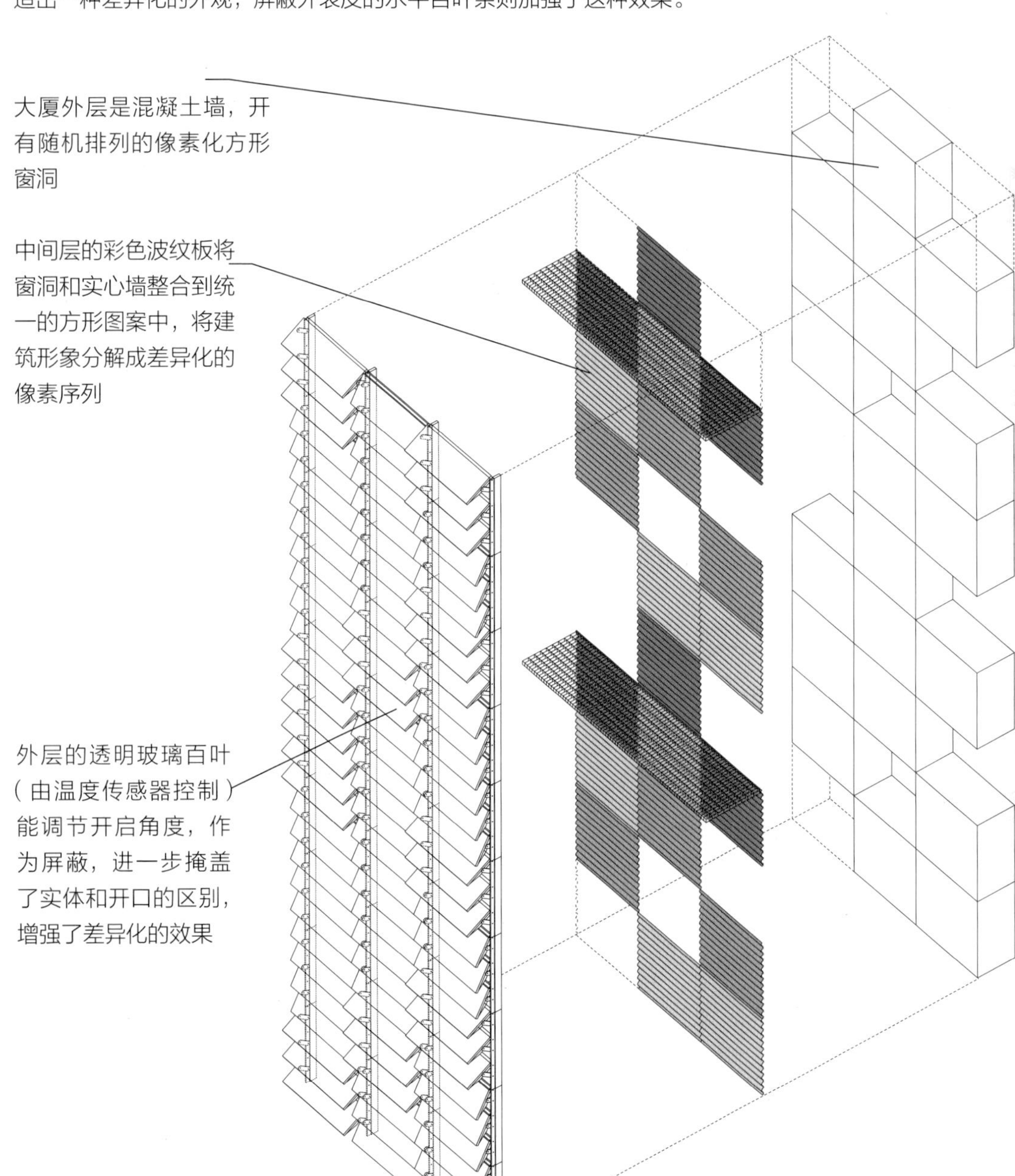

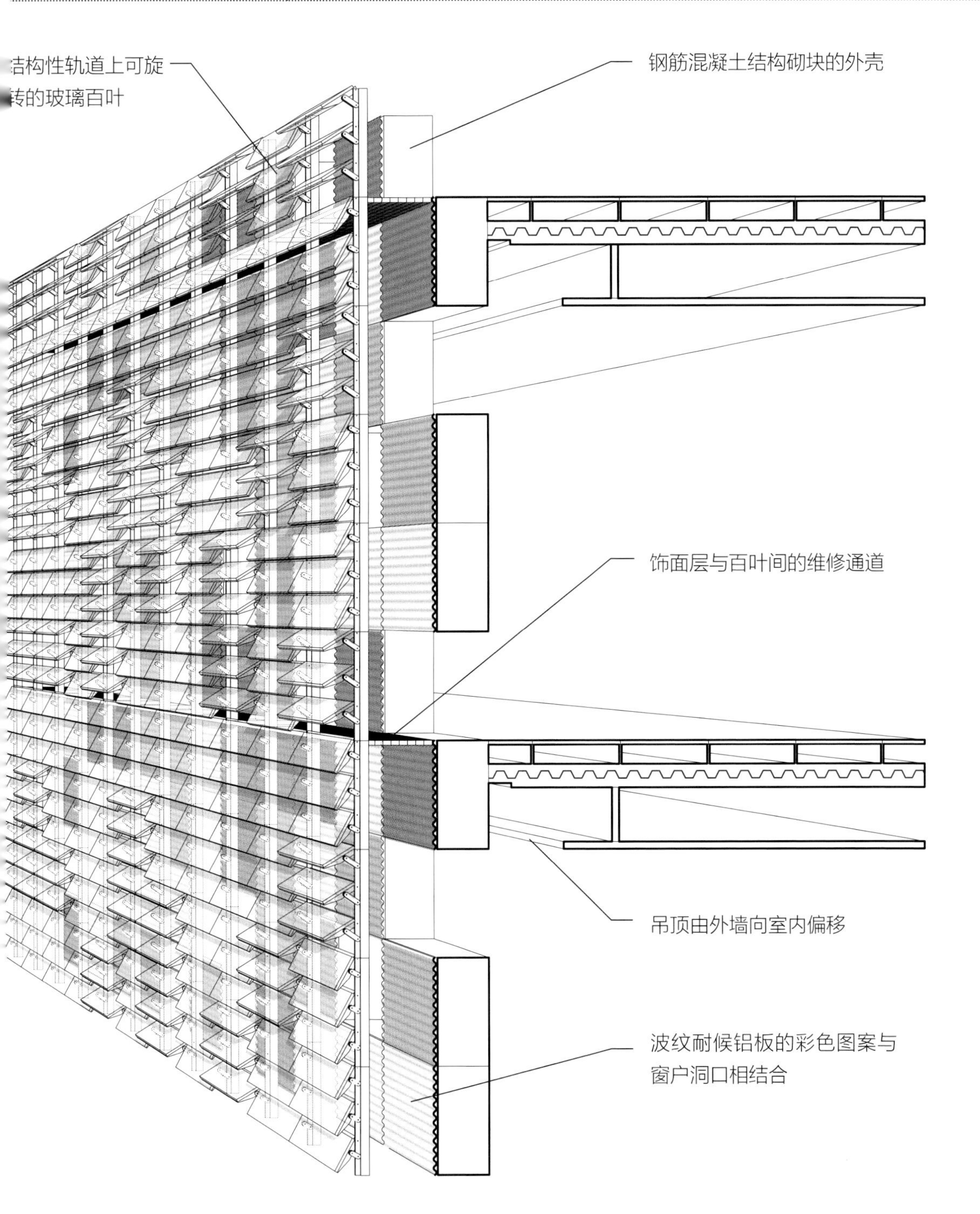

结构性轨道上可旋转的玻璃百叶
钢筋混凝土结构砌块的外壳
饰面层与百叶间的维修通道
吊顶由外墙向室内偏移
波纹耐候铝板的彩色图案与窗户洞口相结合

项目	建筑师	完工时间	坐落地点	29
阿拉伯世界文化中心	**让·努维尔**	1987 年	**法国 巴黎**	

阿拉伯世界文化中心——致力于阿拉伯文化的博物馆，通过使用光线来创造机械版的阿拉伯雕刻窗（Mashrabiya）。由计算机控制的传感器操作的光圈在一天中会改变其开启的程度，投射出光和影的图案，从而在内部产生几何效果。

雕刻窗光圈，最大程度开启

雕刻窗光圈，最大程度闭合

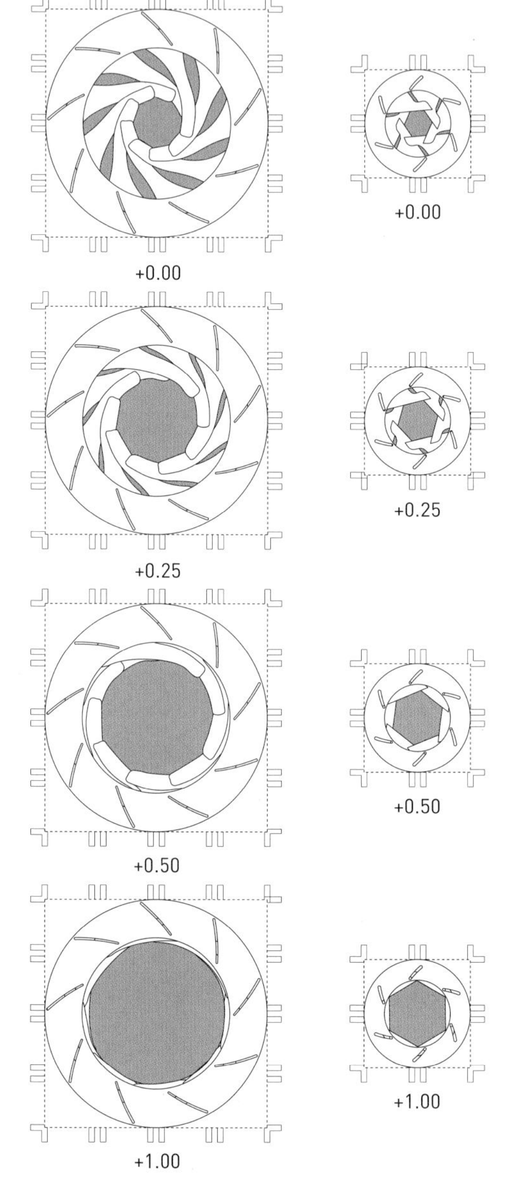

光圈开启序列（大、小光圈）

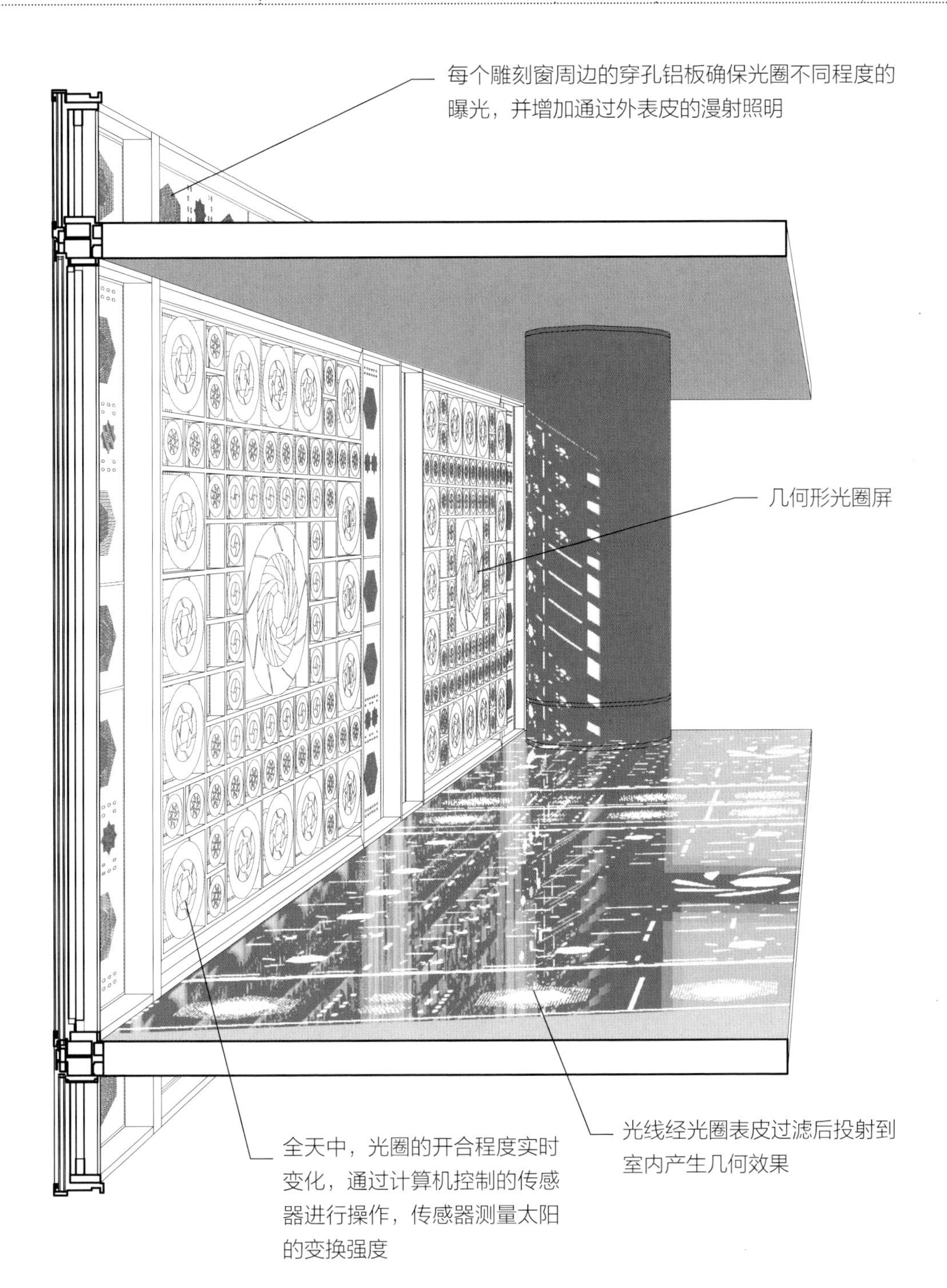
每个雕刻窗周边的穿孔铝板确保光圈不同程度的曝光，并增加通过外表皮的漫射照明
几何形光圈屏
全天中，光圈的开合程度实时变化，通过计算机控制的传感器进行操作，传感器测量太阳的变换强度
光线经光圈表皮过滤后投射到室内产生几何效果

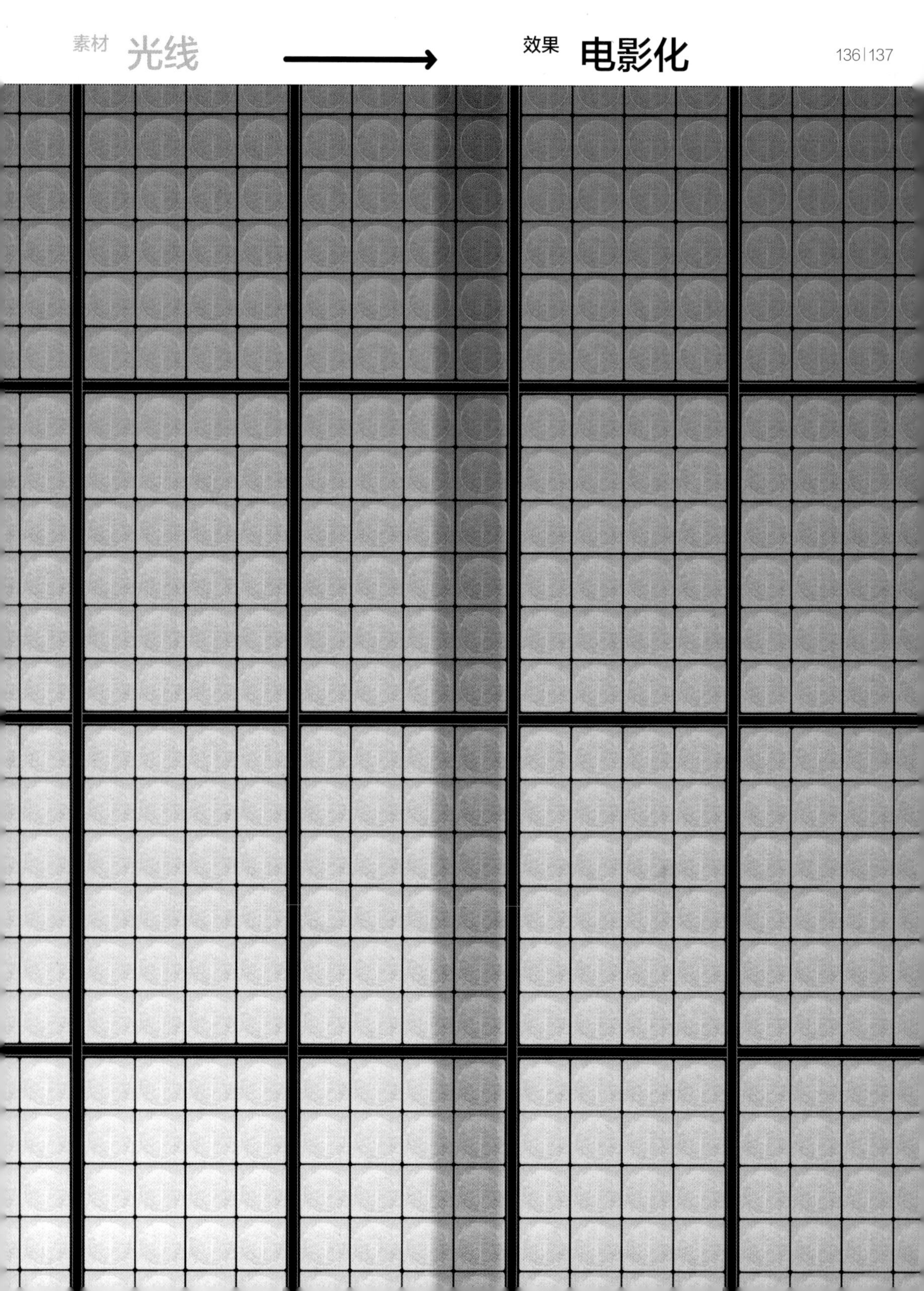

项目	建筑师	完工时间	坐落地点	
玻璃之家	皮埃尔 · 夏洛	1932 年	法国 巴黎	**30**

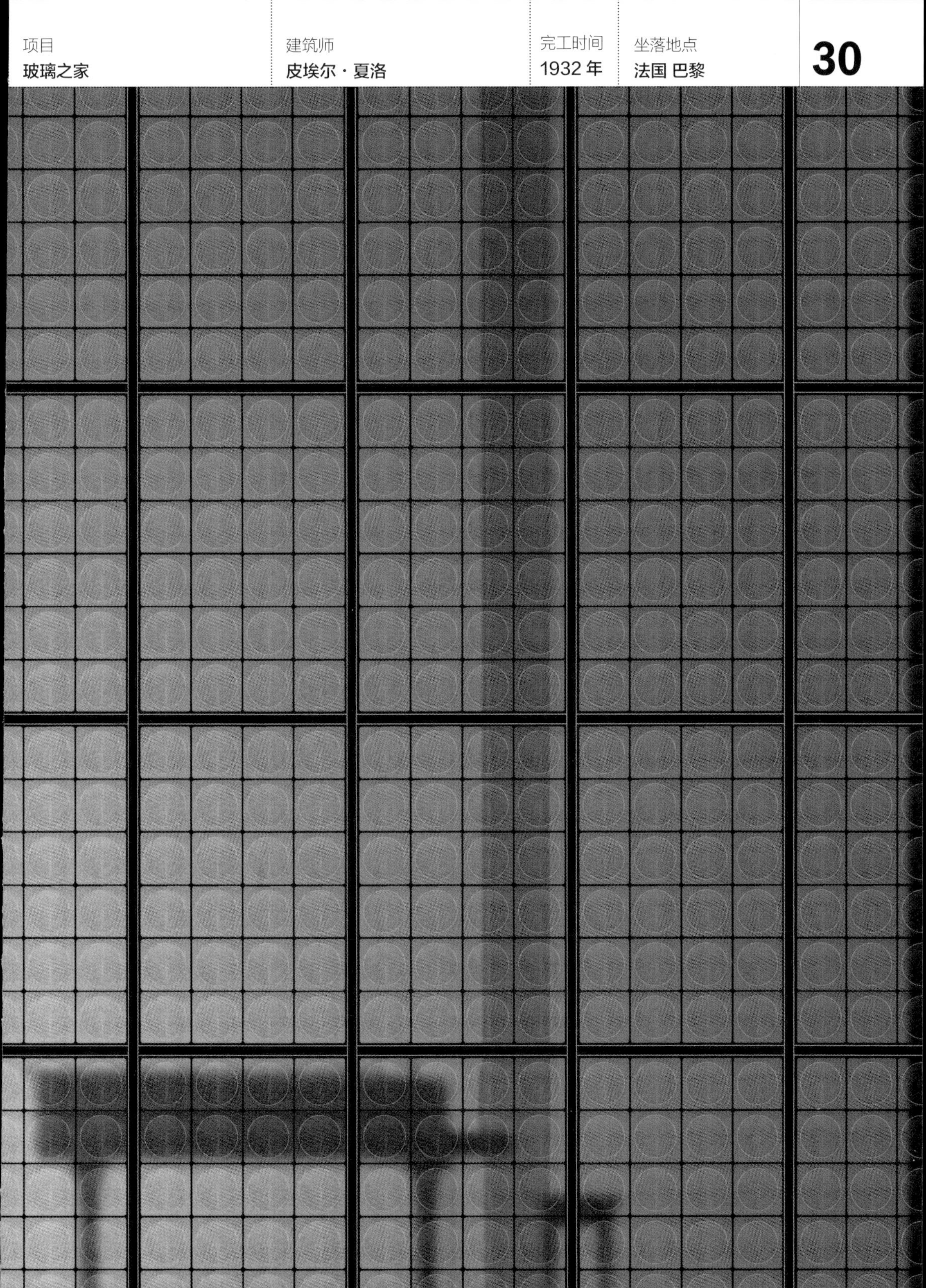

玻璃之家的定制玻璃砖在两个方向上充当光线的投影屏幕，营造出电影化的效果，即在白天的室外自然光线和晚上的人工照明之间交替转换。光线从室内物体反弹到玻璃砖上，营造出由模糊的室内图像组成的闪光的电影屏幕。

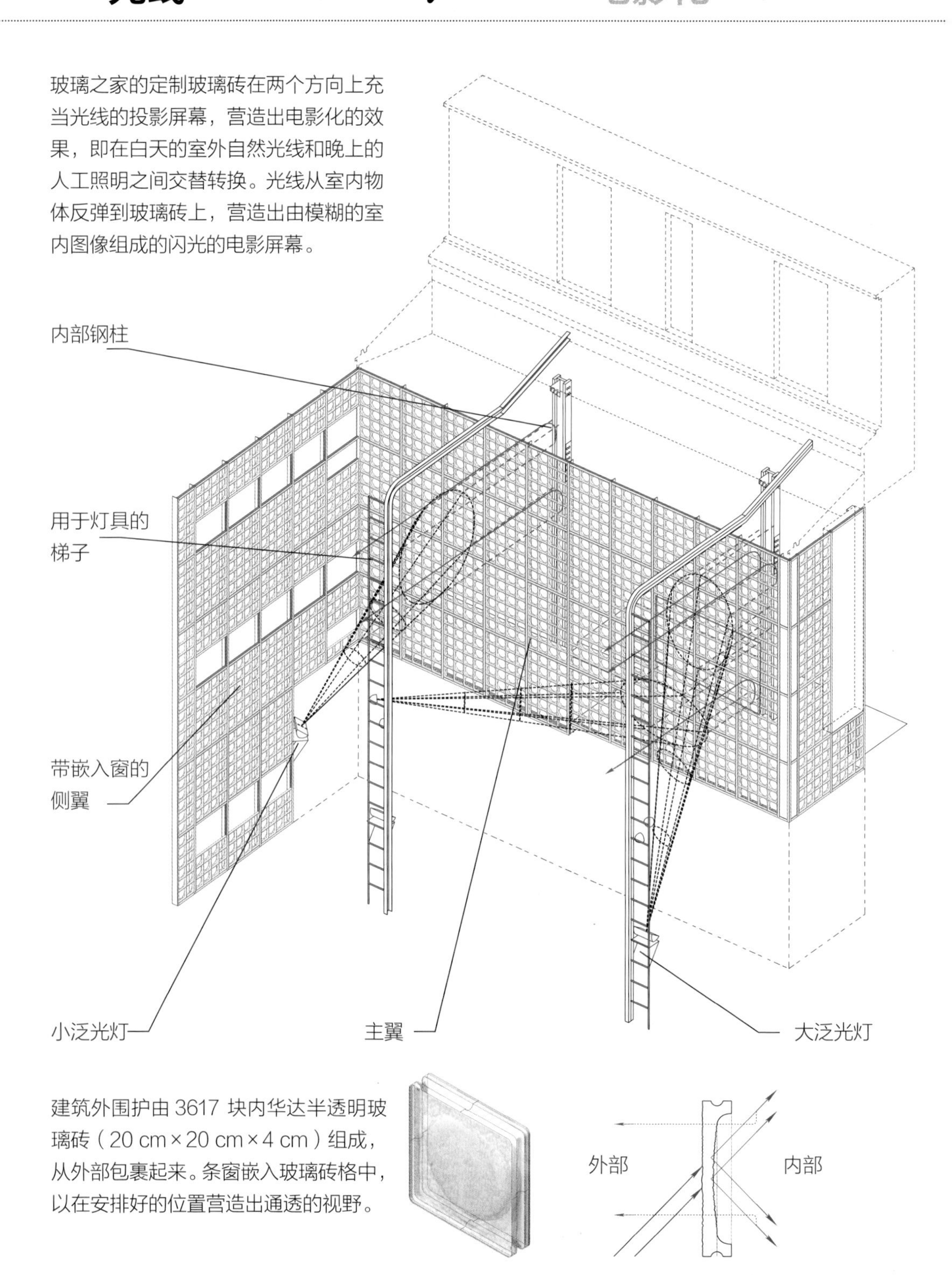

建筑外围护由 3617 块内华达半透明玻璃砖（20 cm × 20 cm × 4 cm）组成，从外部包裹起来。条窗嵌入玻璃砖格中，以在安排好的位置营造出通透的视野。

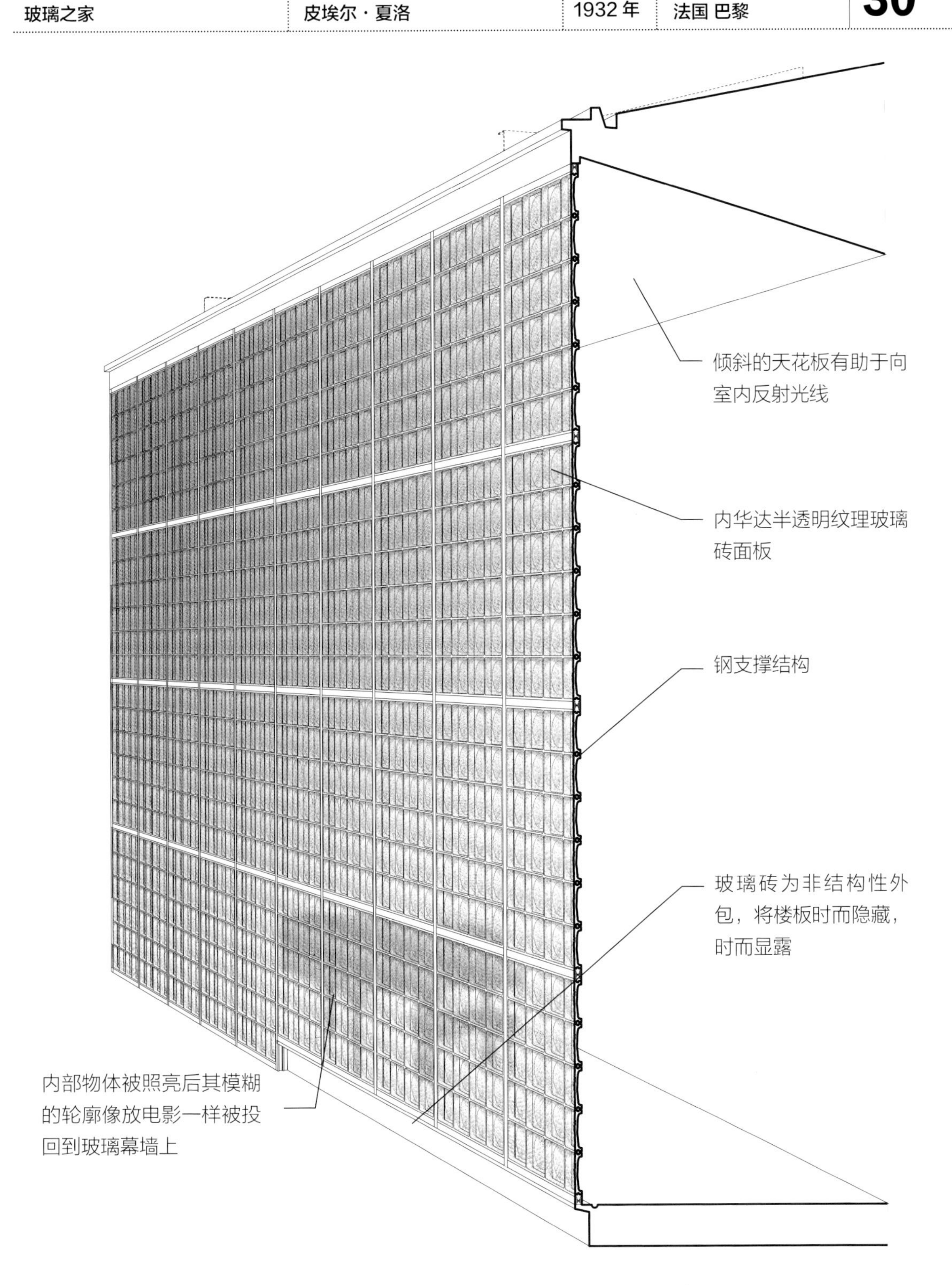

倾斜的天花板有助于向室内反射光线
内华达半透明纹理玻璃砖面板
钢支撑结构
玻璃砖为非结构性外包，将楼板时而隐藏，时而显露
内部物体被照亮后其模糊的轮廓像放电影一样被投回到玻璃幕墙上

项目	建筑师	完工时间	坐落地点	**31**
布雷根茨美术馆	**彼得・卒姆托**	1997 年	**奥地利 布雷根茨**	

布雷根茨美术馆，通过自承重的叠置磨砂玻璃板外围护结构，营造明亮的效果。叠置磨砂玻璃板形成有进深的采光系统，在不同光线条件下，引进自然光到内部的叠拼展廊。楼层间空腔内的光线显示出外部混凝土展廊空间是昏暗的，而周围的内部空腔，在白天和有人工照明的夜间，都是明亮的空间。

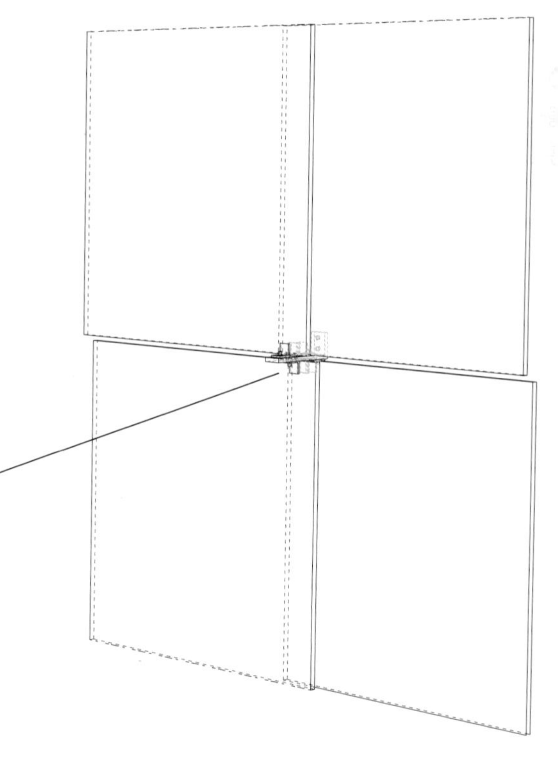

四向支架允许所有四块玻璃板，在每个角部，简单叠置在一起，留有空隙。在水平和垂直方向都倾斜玻璃板，以产生一个双向叠置的表皮

蚀刻玻璃板构成叠置系统

内外层玻璃之间就如同一个光线空腔，允许非直射日光光线进入到博物馆的室内空间，在夜间兼作照明系统

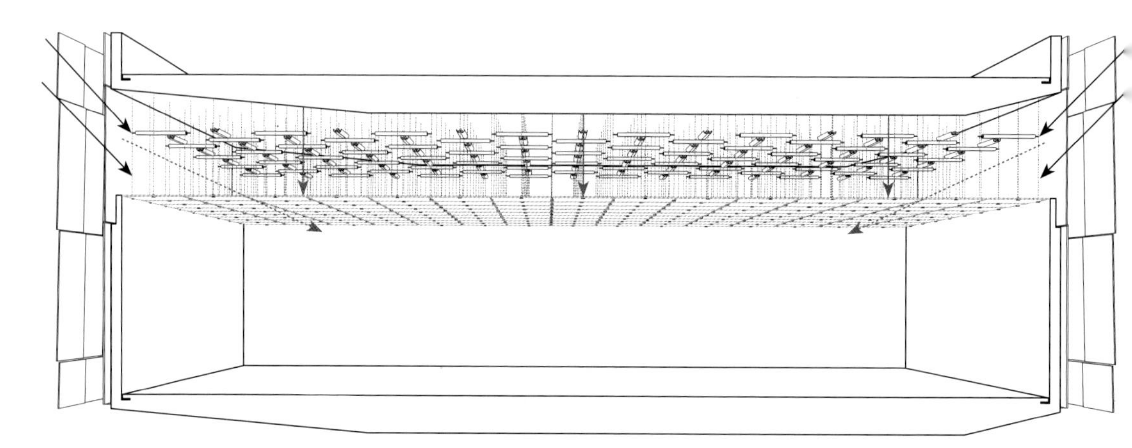

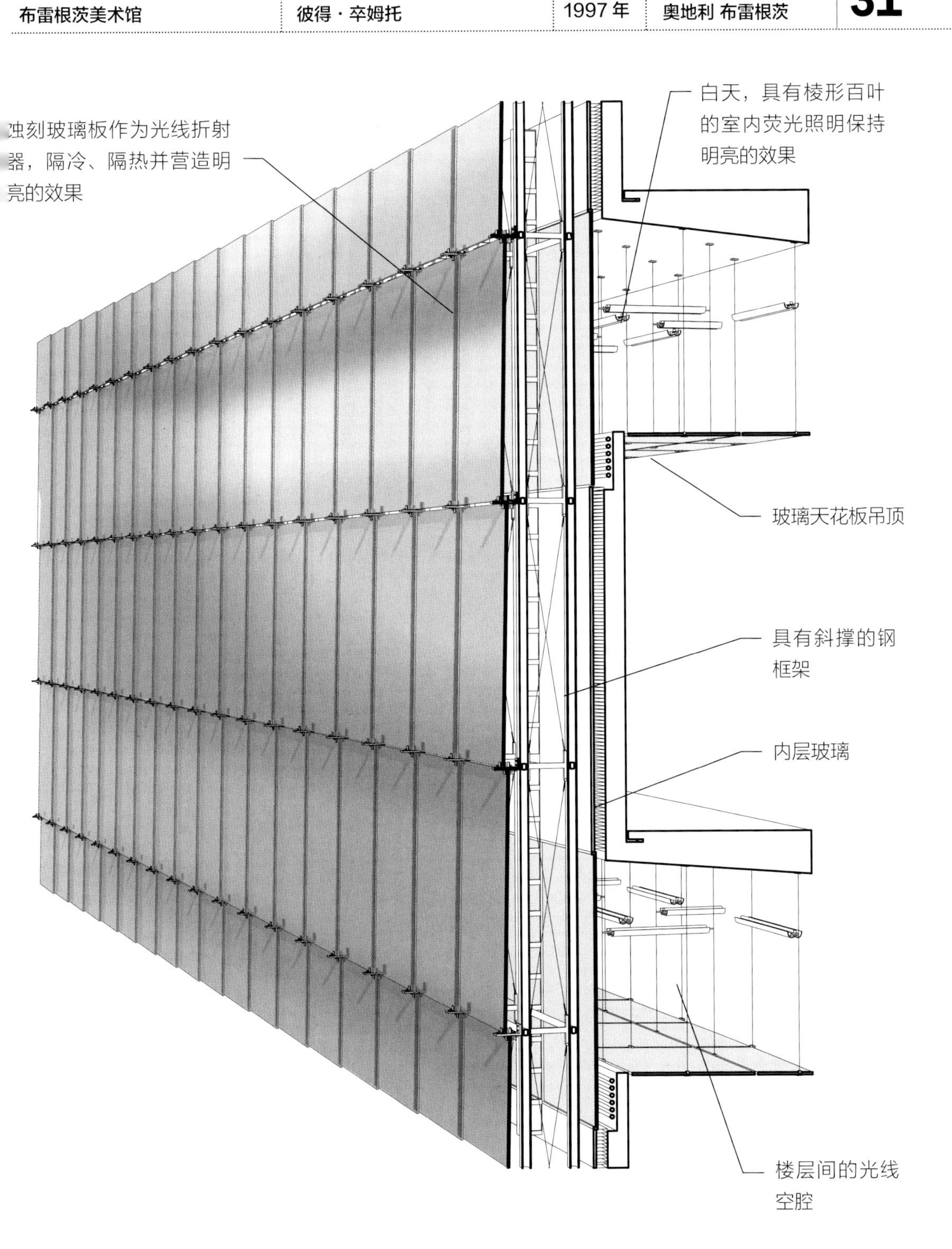
蚀刻玻璃板作为光线折射器，隔冷、隔热并营造明亮的效果
白天，具有棱形百叶的室内荧光照明保持明亮的效果
玻璃天花板吊顶
具有斜撑的钢框架
内层玻璃
楼层间的光线空腔

第四章 表皮

32 稳重

33 深度

34 差异化

35 花格图案

36 交替

37 伪装

38 色调

39 层次

40 纹理

41 品牌

42 序列

利口乐劳芬工厂仓库外表皮使用叠置复合板，其高度模数自上而下递减，赋予整个体量以稳重的效果。复合板高度自下而上逐步增加微妙地扭曲了建筑物的尺度，使它看起来比实际要高一些。

从远处看，自上而下的尺度递减使底部比顶部要沉重一些——一种当代的对传统比例的解读，传统比例增强底部的视觉比重。顶部过大的檐口和面板尺寸的三分法，利用底部、墙身和顶部的经典的视觉次序，构成整体的稳重效果。

从近处看，面板的不同高度在侧斜的视角几乎无法区分，使得建筑体量的真实尺度看起来没有失真。

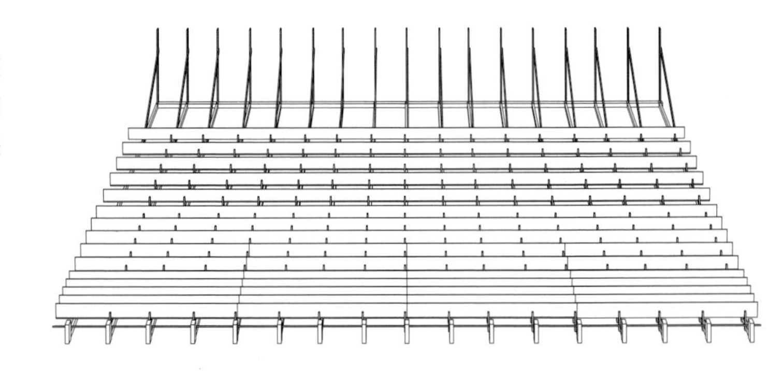

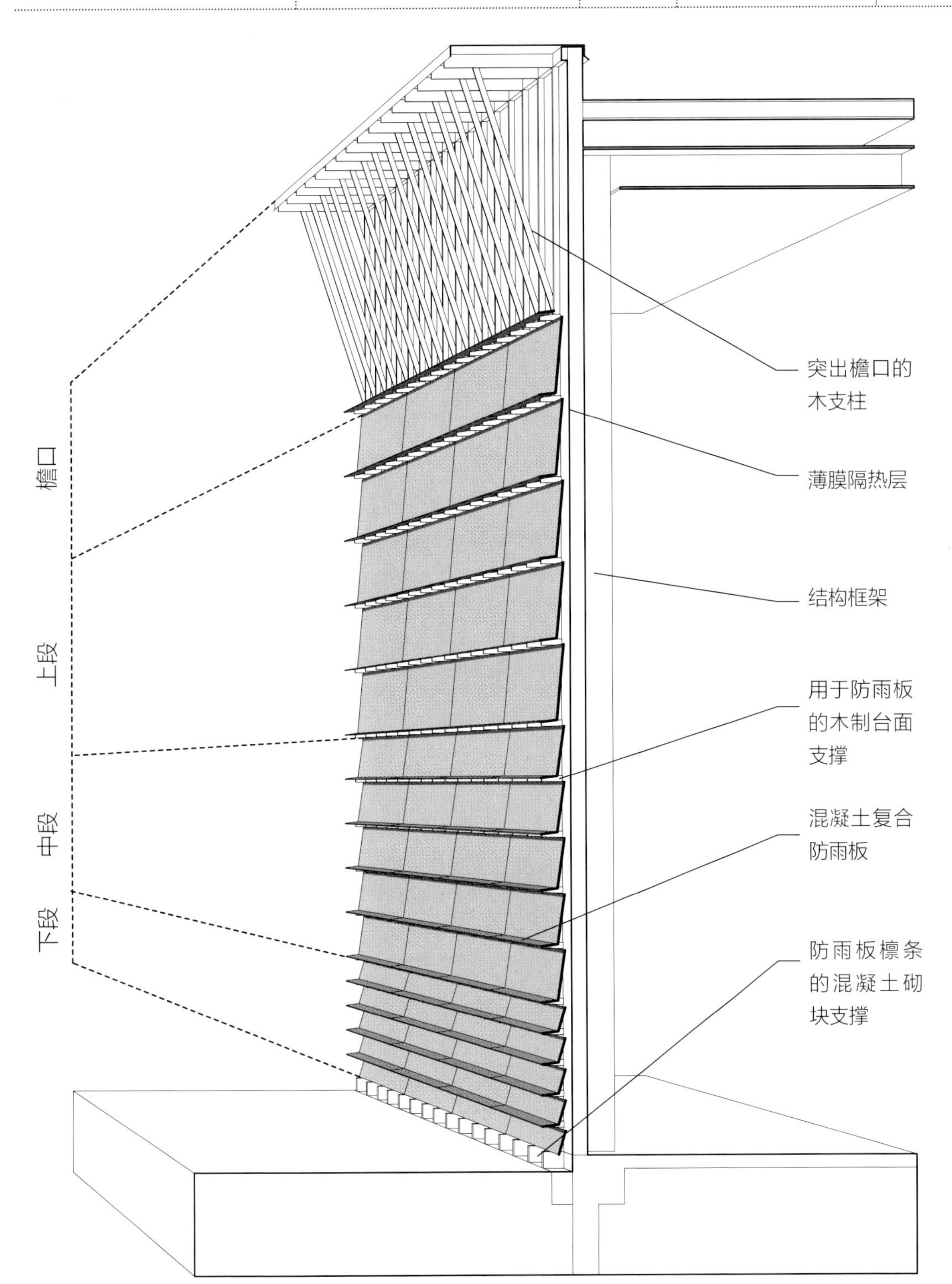
突出檐口的木支柱
薄膜隔热层
结构框架
用于防雨板的木制台面支撑
混凝土复合防雨板
防雨板檩条的混凝土砌块支撑
檐口
上段
中段
下段

巴塞尔铁路信号站将纤细的水平铜片覆盖在整个建筑外部。在特定的位置上扭曲铜带，将阳光送入内部有人居住的空间，营造出深度变化的效果。从铜带包裹的平直立面至扭曲百叶屏的连续过渡，使建筑表皮的视觉深度产生变化。

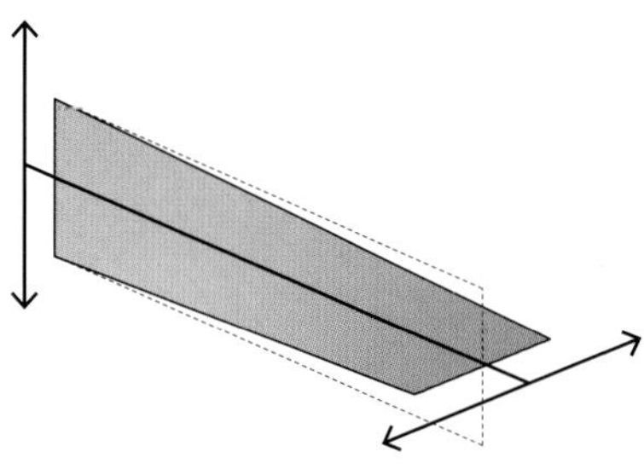

一个简单的百叶90°扭曲营造了深度失真的效果，显露出后面的结构墙和窗。

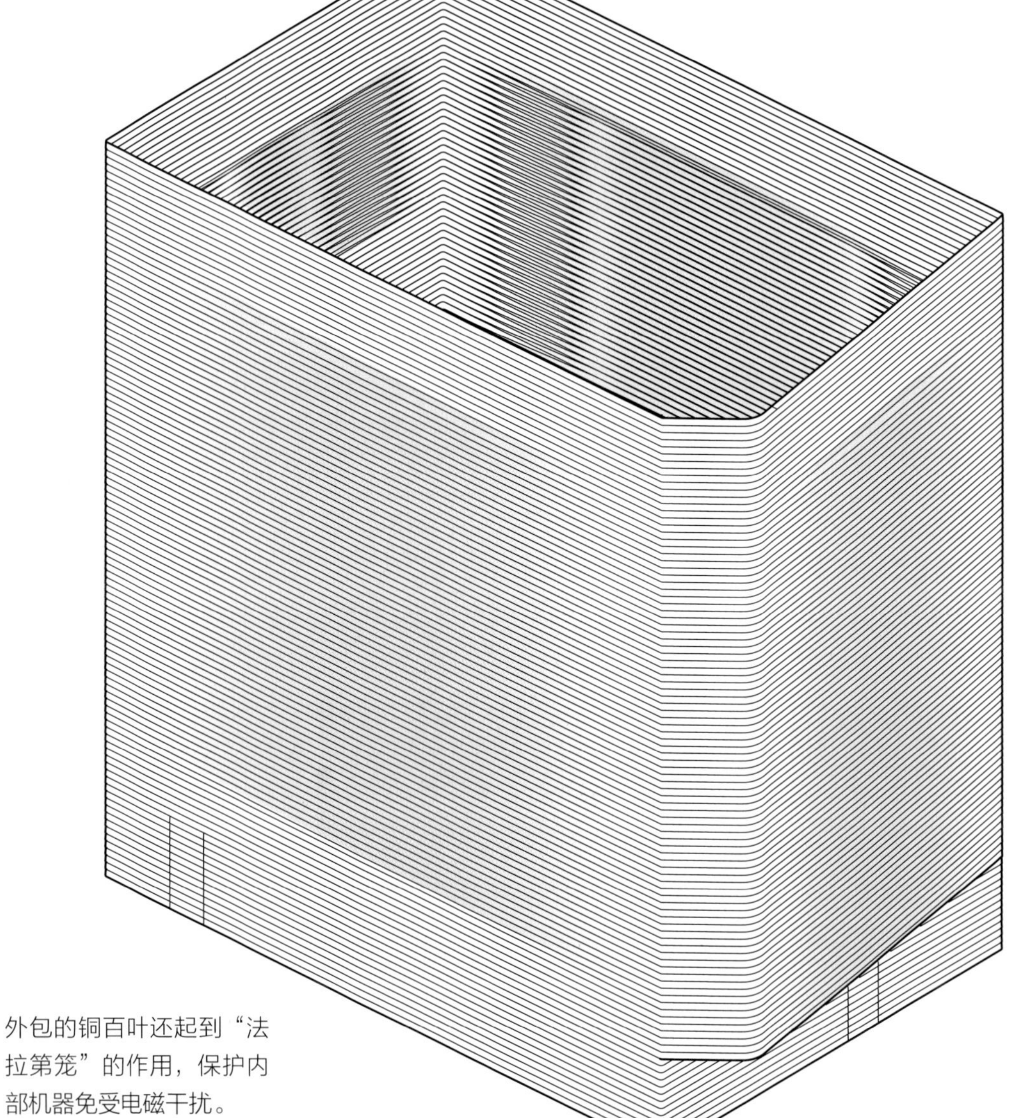

外包的铜百叶还起到“法拉第笼”的作用，保护内部机器免受电磁干扰。

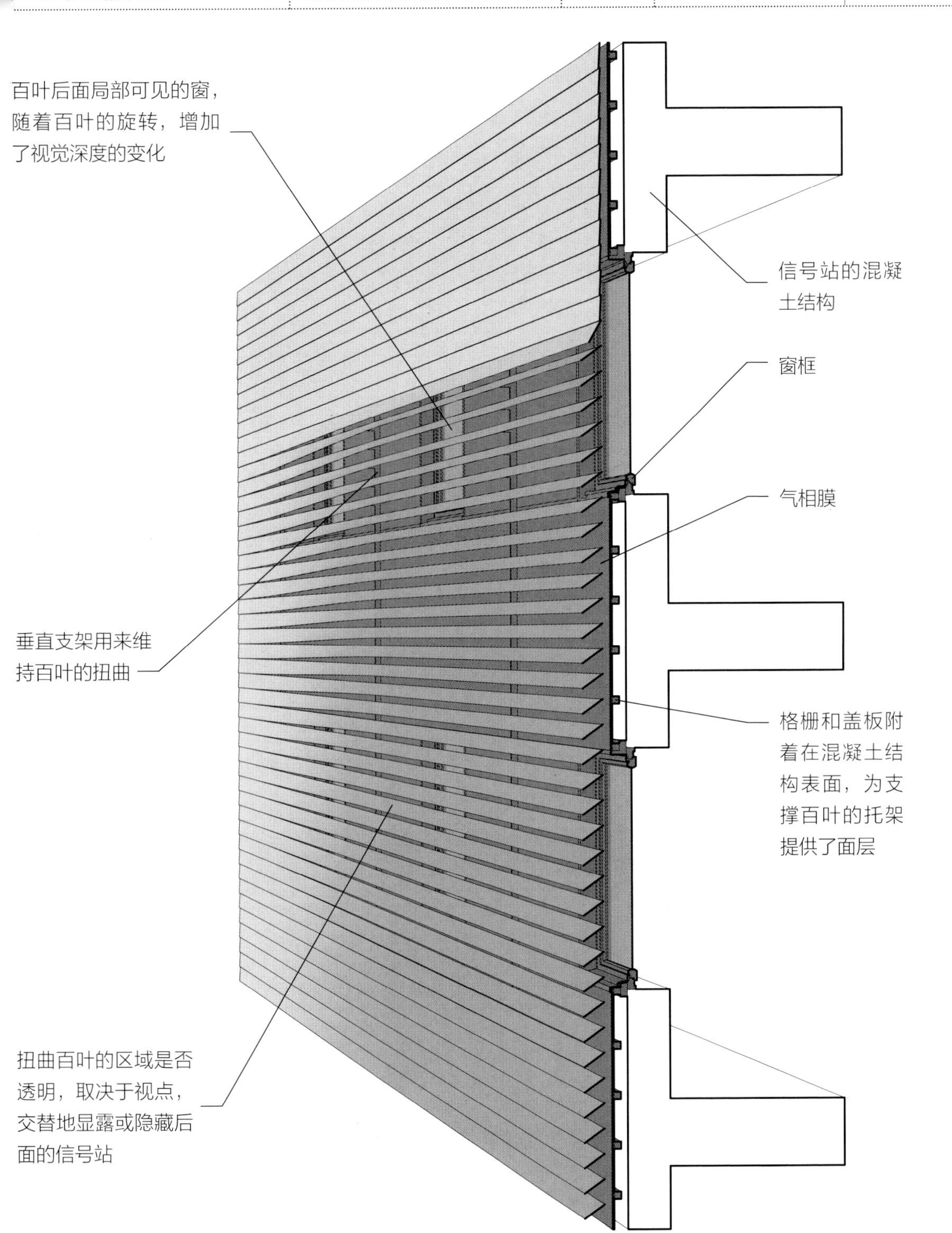
百叶后面局部可见的窗，随着百叶的旋转，增加了视觉深度的变化
信号站的混凝土结构
窗框
气相膜
垂直支架用来维持百叶的扭曲
格栅和盖板附着在混凝土结构表面，为支撑百叶的托架提供了面层
扭曲百叶的区域是否透明，取决于视点，交替地显露或隐藏后面的信号站

勃林格殷格翰办公与药理实验楼现有外表面覆盖着由 8 种颜色喷涂的玻璃嵌板，在整个表皮形成了差异化的图像，用色彩像素化来遮掩背后单调重复的办公空间，营造差异化效果。

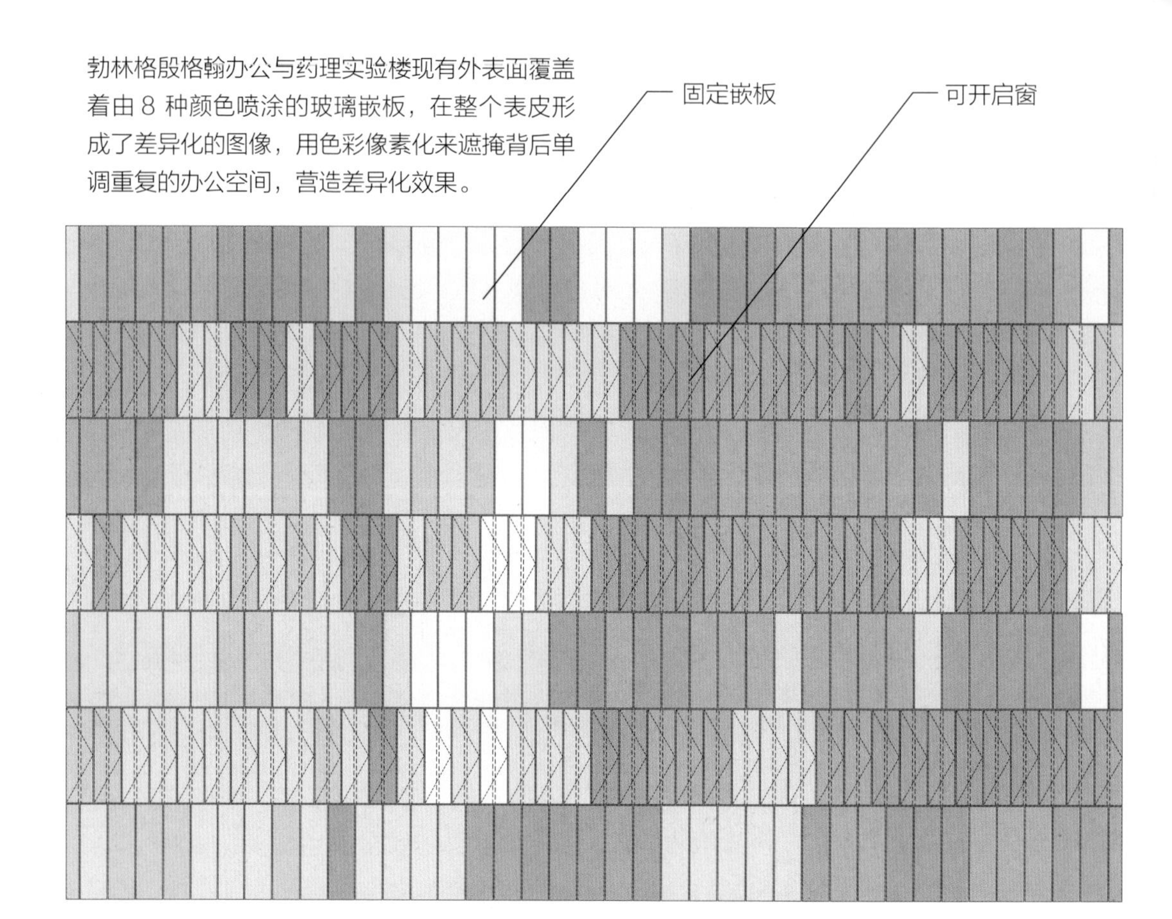

当可开启玻璃百叶窗关闭时，整个立面像素化图形明朗清晰，掩蔽了背后单调重复的楼层板。

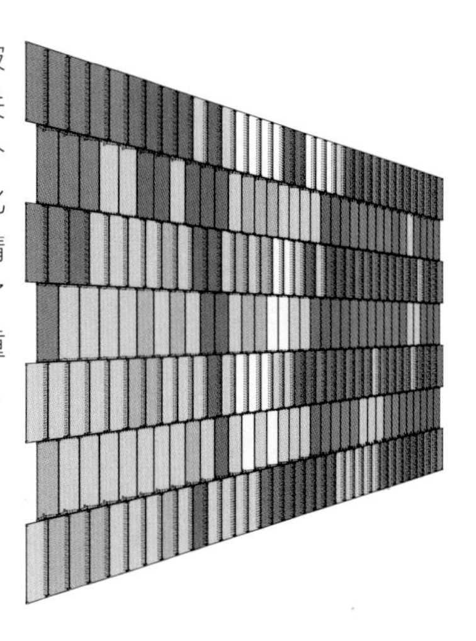

当百叶窗打开时，图像被开启的百叶窗打破，强调了一系列的彩色带，以代替整齐划一的形象。

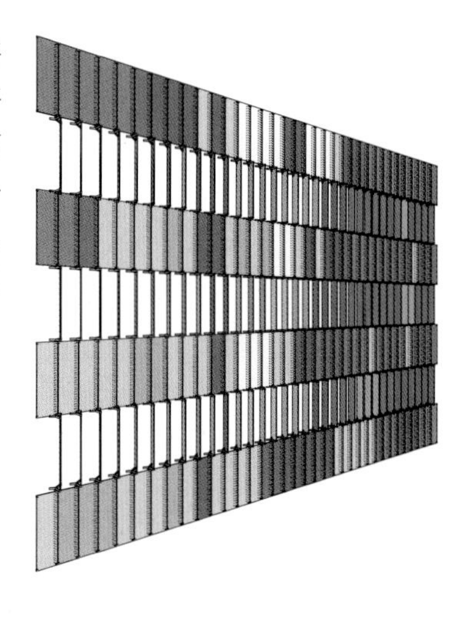

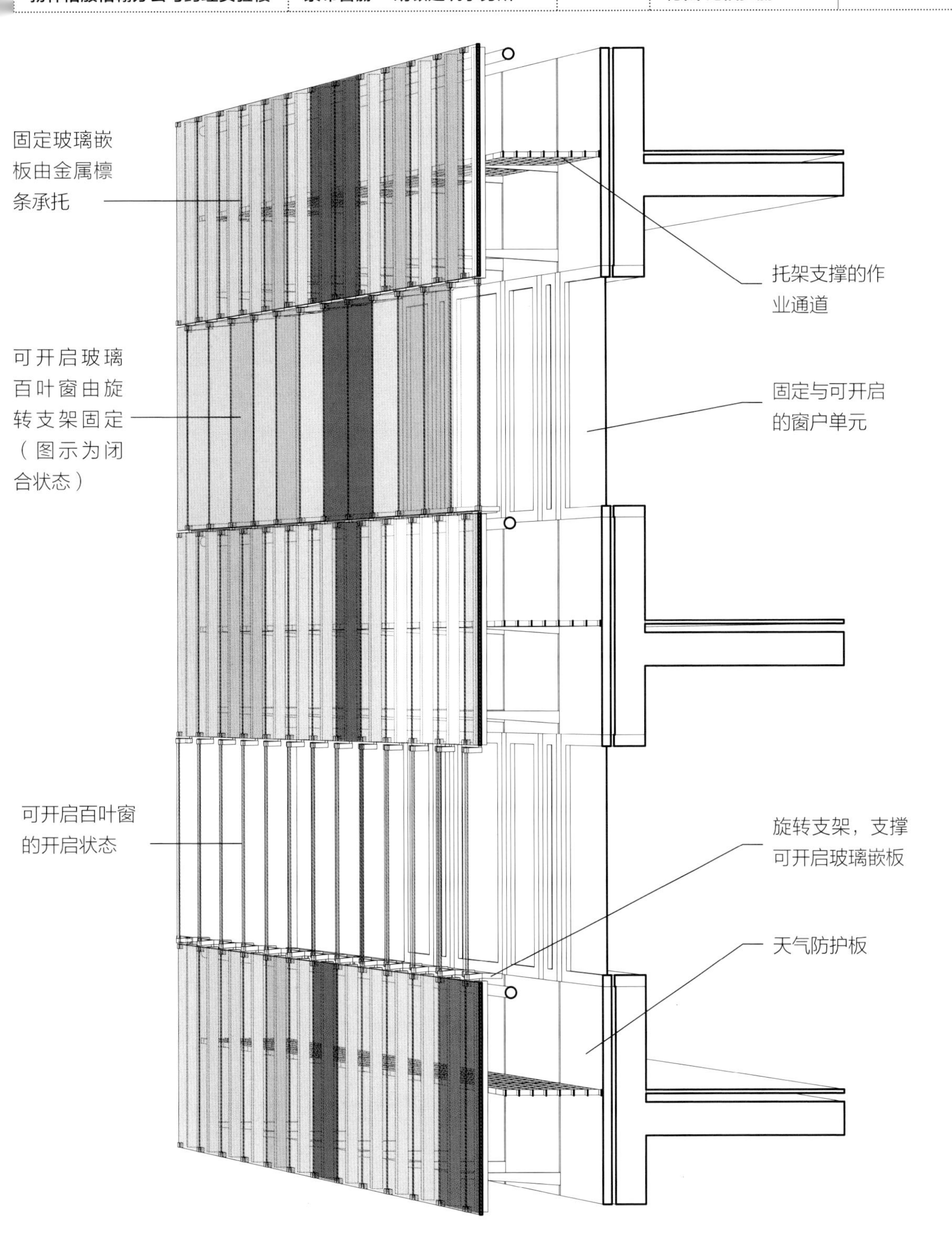

固定玻璃嵌板由金属檩条承托
可开启玻璃百叶窗由旋转支架固定（图示为闭合状态）
可开启百叶窗的开启状态
托架支撑的作业通道
固定与可开启的窗户单元
旋转支架，支撑可开启玻璃嵌板
天气防护板

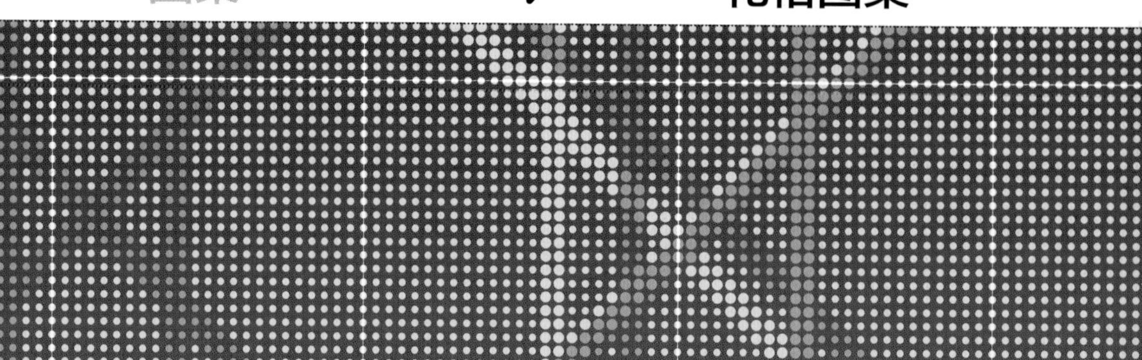

迪奥银座店的表皮通过两个分层上的偏移点状图案，营造出花格效果，其中一层穿孔，另一层丝网印刷。最终的组合，通过一个难以判断其厚度的表皮，营造出隐隐闪现的外观。

① 外层穿孔，在 9 块金属嵌板内形成条纹图案。

② 内层面板丝网印刷，由不同的圆点组成完全相同的图案，但边长相比外层图案小 1/3。

③ 内外两层板要对齐，但是较小的图案相对于网格移位变化。

④ 较小的图案每两块板重复出现一次，较大的图案每三块板重复出现一次，因此它们看上去不对齐。

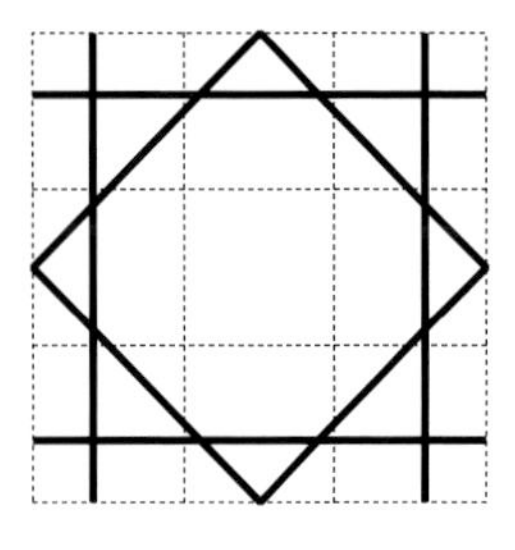

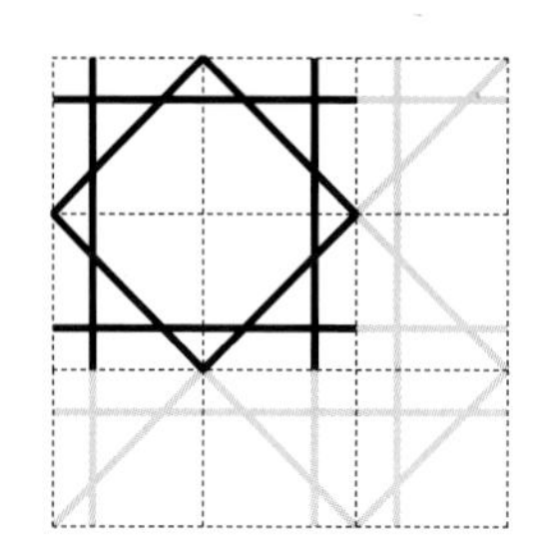

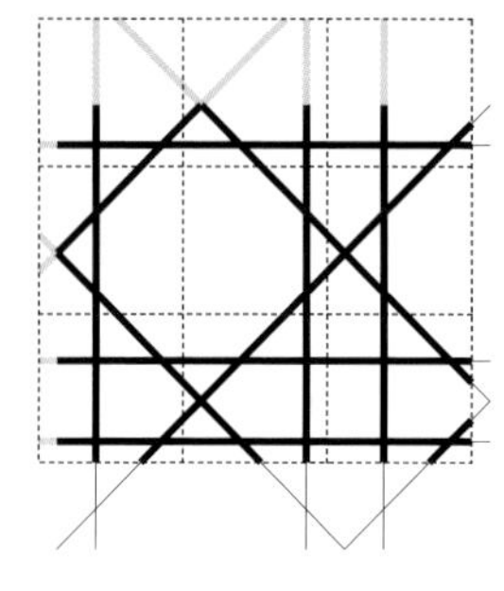

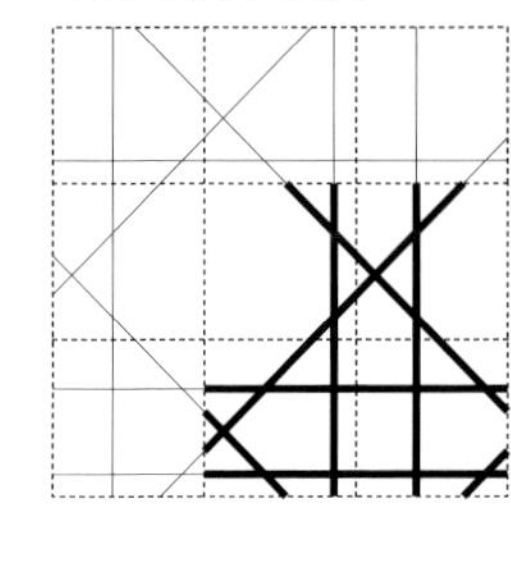

重复的圆点图案暗示着内外层图案是对齐的。因为内层图案是外层的缩小版，由此产生的透视扭曲使内层看起来比实际上更为遥远。

内外层之间的空腔设有光纤照明系统，结合内外两层图案的移动视觉对齐，视角改变时，遮蔽或照亮穿孔，从而形成隐隐闪现的花格图案。

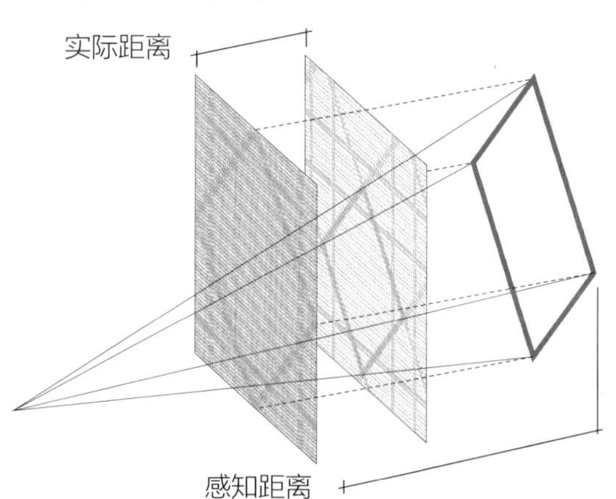

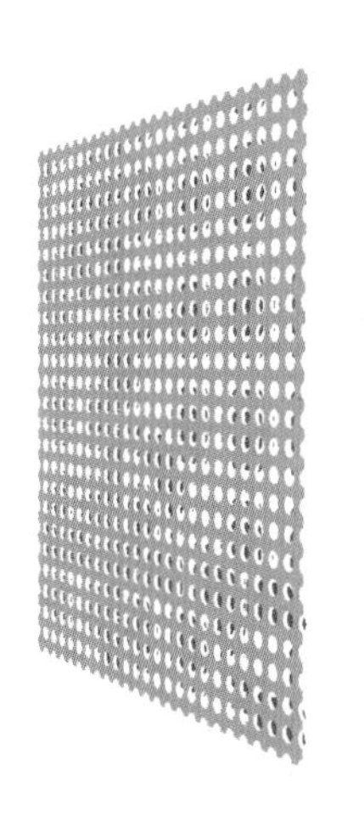

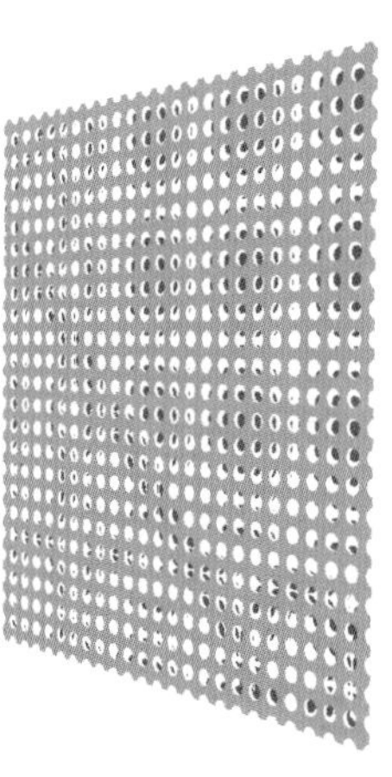

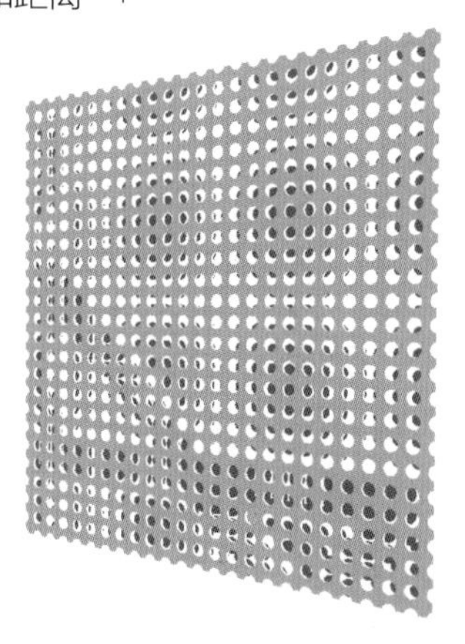

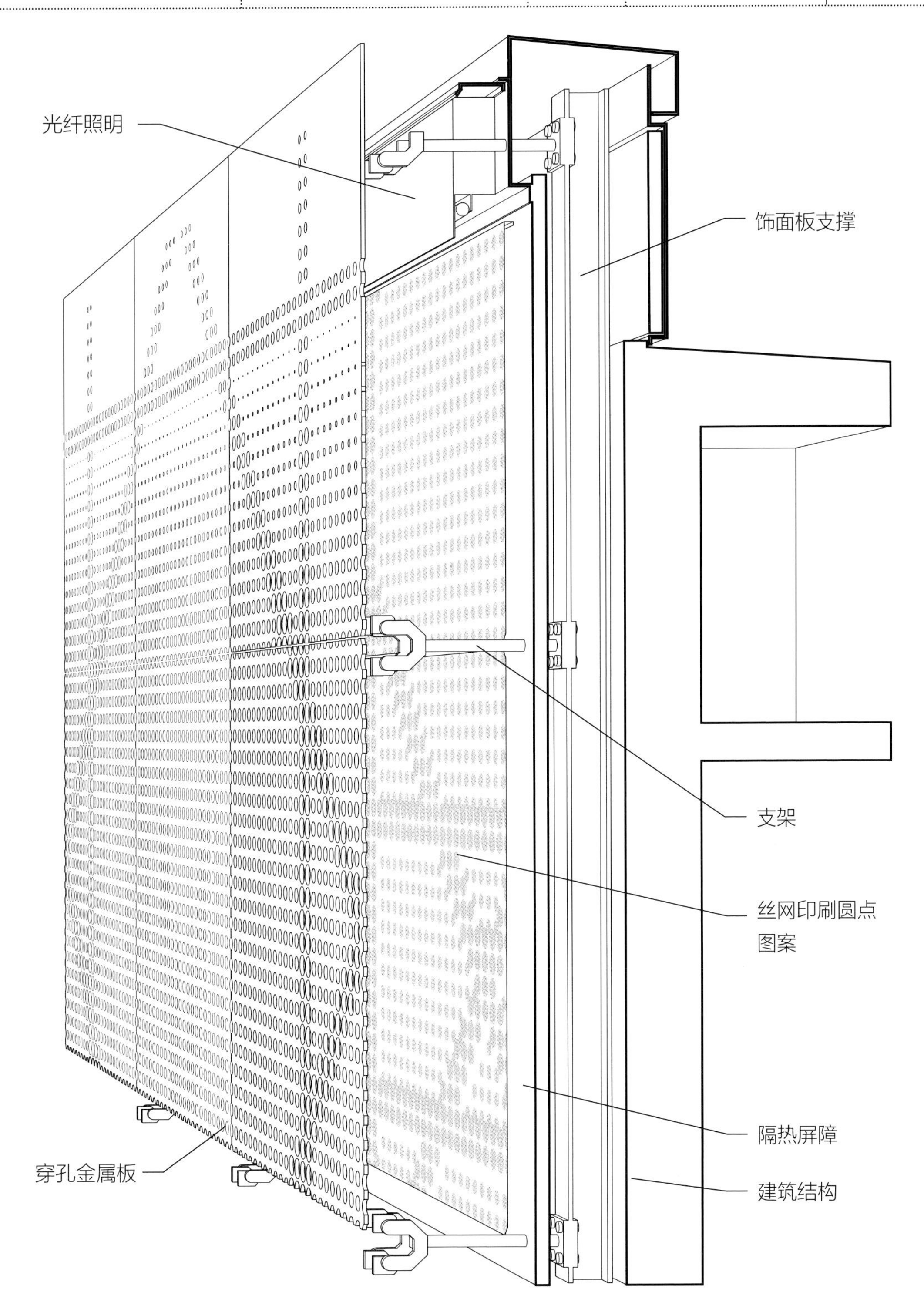

光纤照明
饰面板支撑
支架
丝网印刷圆点图案
隔热屏障
穿孔金属板
建筑结构

项目	建筑师	完工时间	坐落地点
IBM 研究中心	埃罗・沙里宁	1958 年	美国 罗切斯特

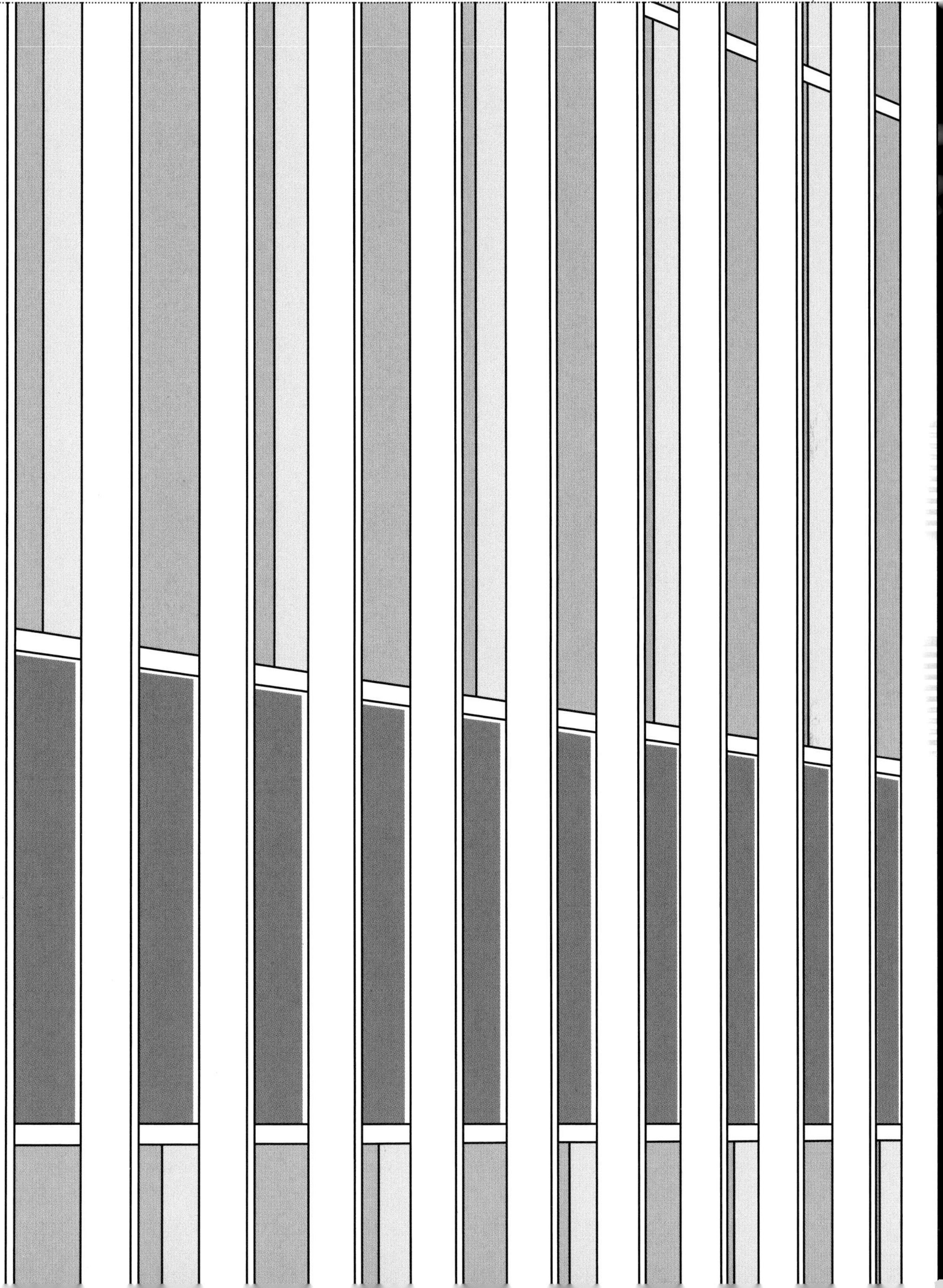

IBM 研究中心的外饰面通过重复排列组合的双色蓝调面板产生交替的效果，消解掉景观中建筑的尺度感，并生成与天空融合的闪闪发光的光学图案效果。

IBM 研究中心的两翼——行政区域和制造区域——每部分都由不同图案交替的双色面板和条窗组成，视觉上由相同宽度的铝窗框的重复来统一。

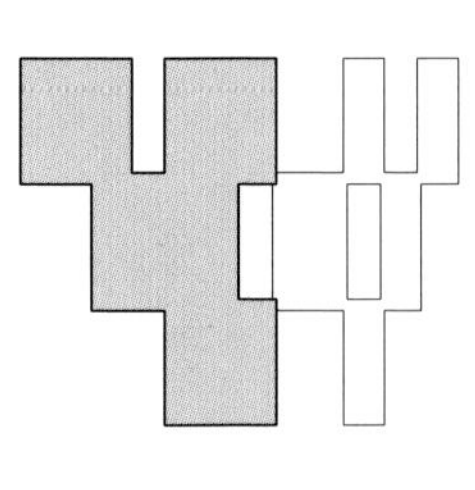

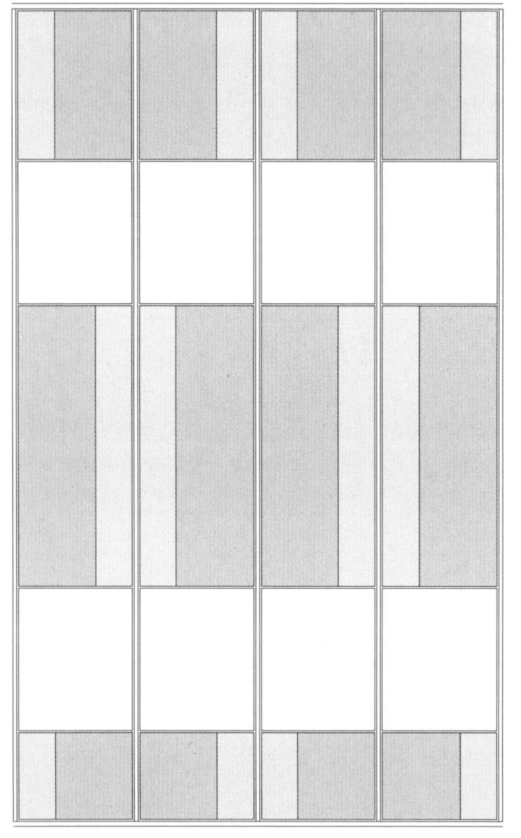

行政区域图案

制造区域图案

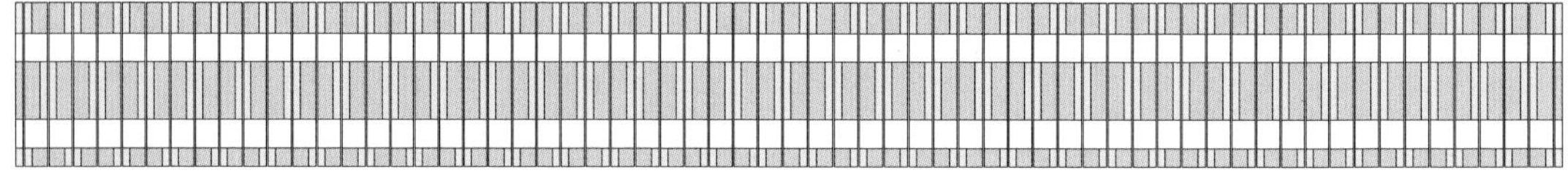

行政区域立面

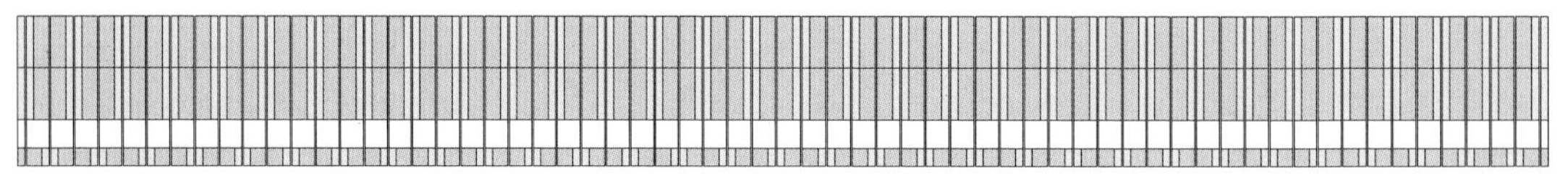

制造区域立面

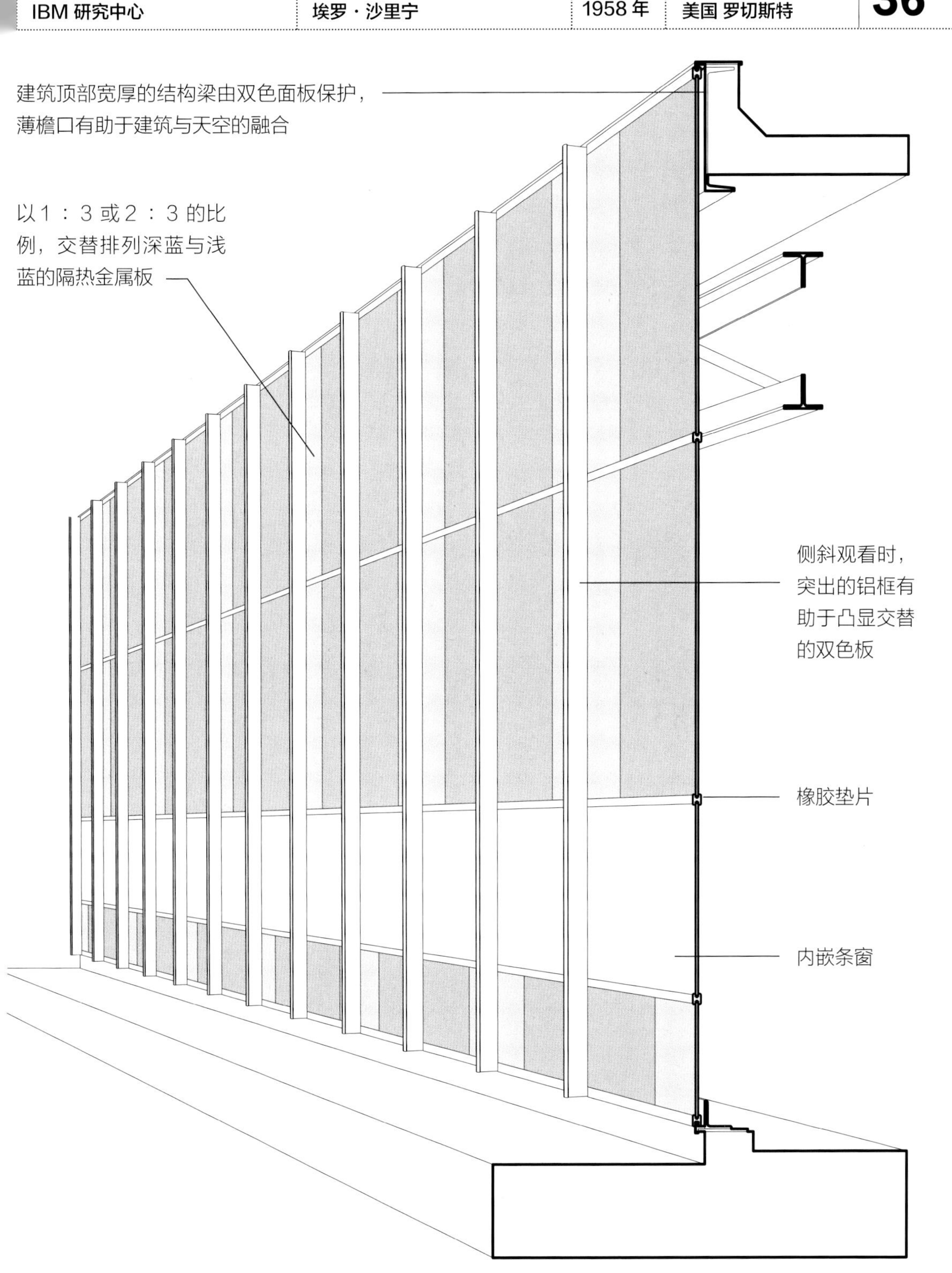
建筑顶部宽厚的结构梁由双色面板保护，
薄檐口有助于建筑与天空的融合
以 1 ：3 或 2 ：3 的比
例，交替排列深蓝与浅
蓝的隔热金属板
侧斜观看时，
突出的铝框有
助于凸显交替
的双色板
橡胶垫片
内嵌条窗

项目	建筑师	完工时间	坐落地点	
APLIX 工厂	多米尼克・佩罗	1999 年	法国 南特	**37**

APLIX 工厂利用金属反射面板将周围景观碎片化、重组形成伪装的效果。折叠金属板同时反射两个方向，将多个视图叠加成一个支离破碎的天空和景观的图像，把一座大型建筑伪装在其背景里。

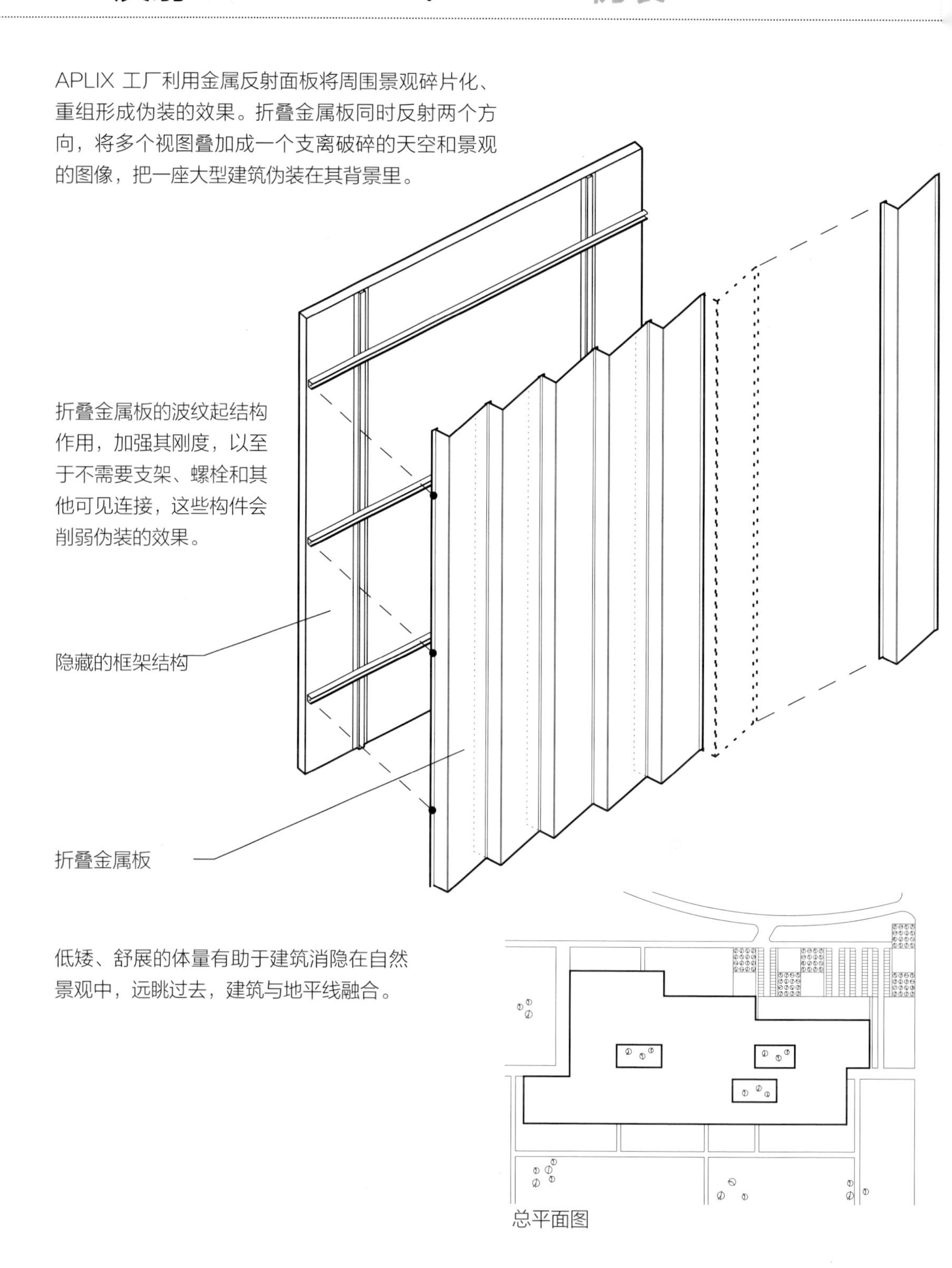

低矮、舒展的体量有助于建筑消隐在自然景观中，远眺过去，建筑与地平线融合。

总平面图

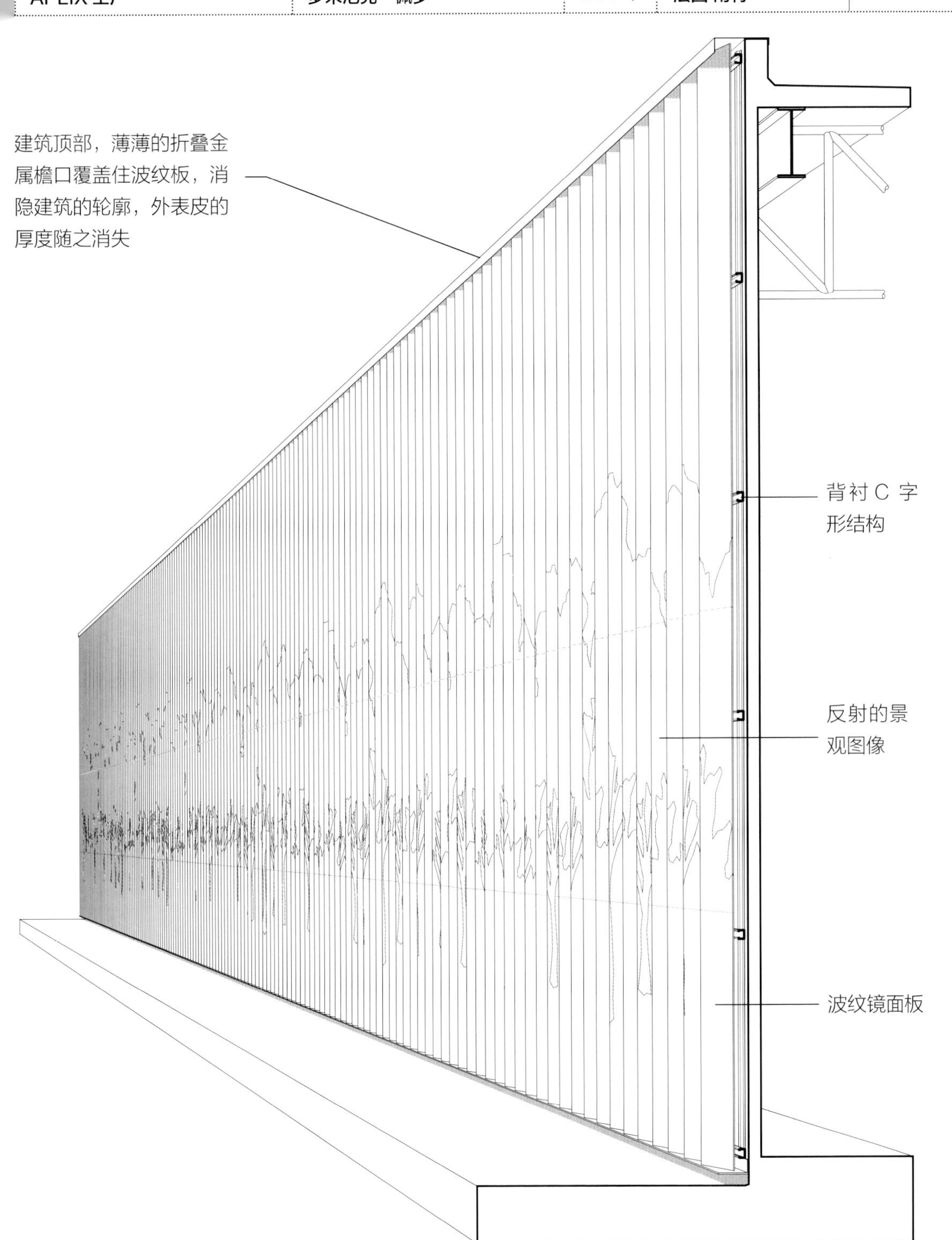
建筑顶部，薄薄的折叠金属檐口覆盖住波纹板，消隐建筑的轮廓，外表皮的厚度随之消失
背衬 C 字形结构
反射的景观图像
波纹镜面板

拉班现代舞中心的分层外围护构造，通过将半透明聚碳酸酯材料外层后面的不同的室内功能布局进行颜色编码，营造出一种色调的效果。每个舞蹈工作室赋予一种不同的颜色（每一个舞蹈工作室有它自己的尺寸、高度和形式），而聚碳酸酯材料的外层模糊了不同的颜色，成为一系列的色调变化，其强度随一天的时间变化而变化。

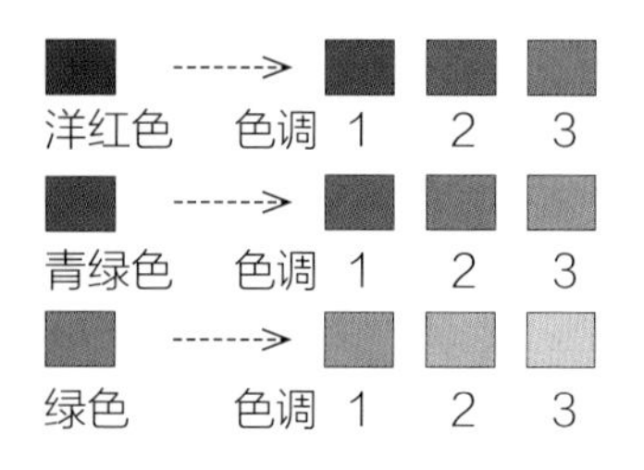

色系由三种颜色组成，每种颜色有三个色调的变化。

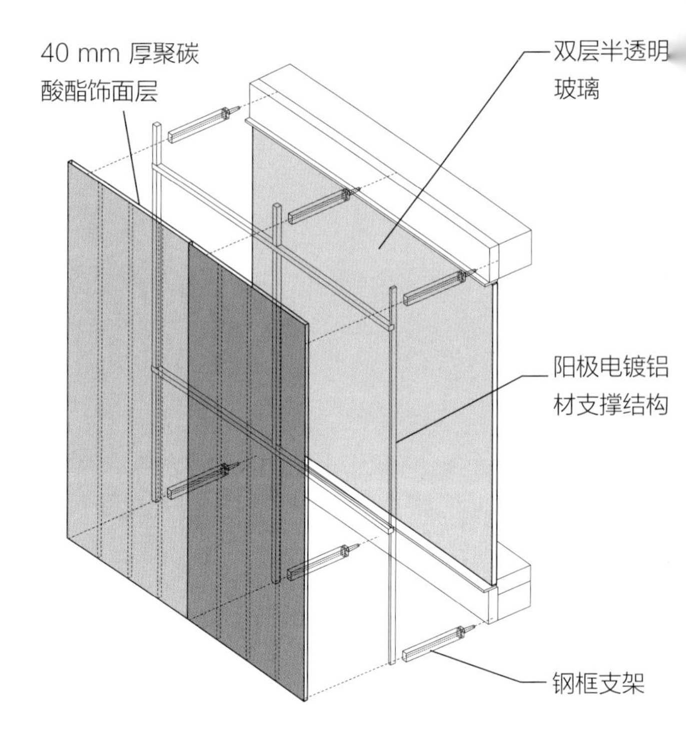

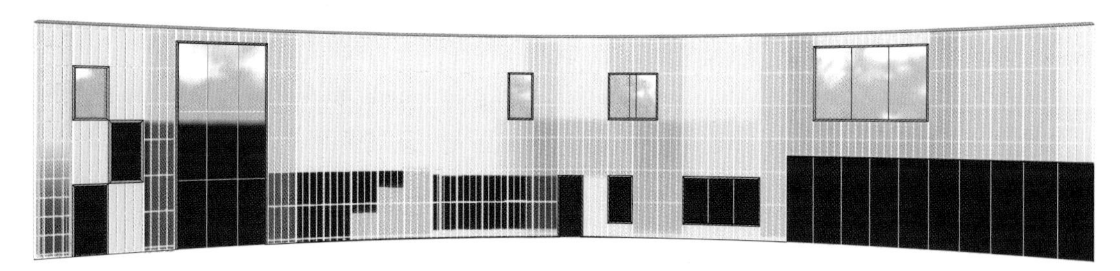

西立面，白天的渐变层次

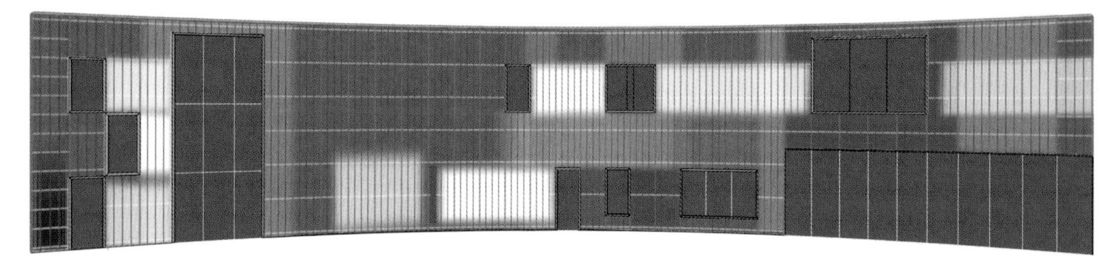

西立面，夜晚的渐变层次

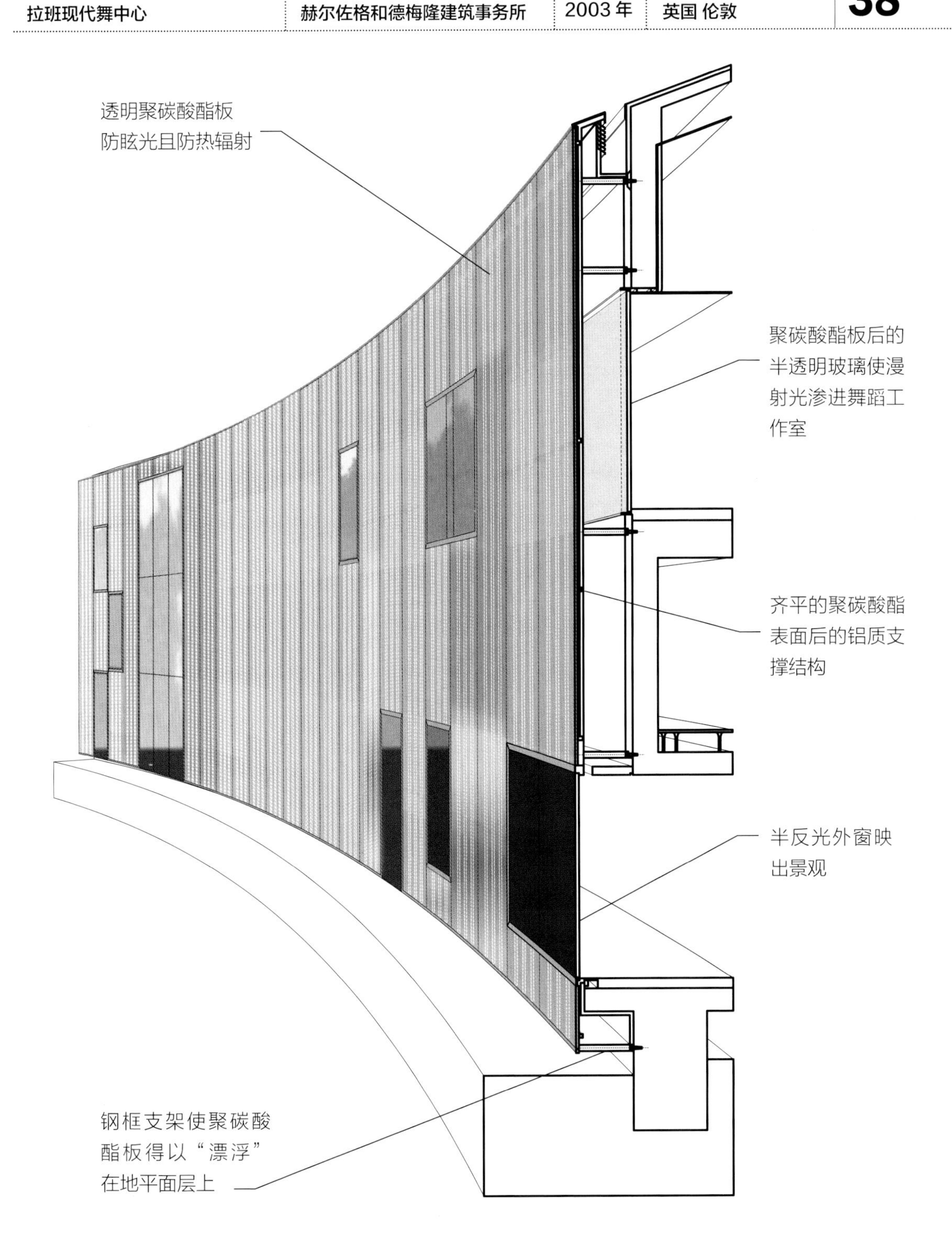
透明聚碳酸酯板
防眩光且防热辐射
聚碳酸酯板后的
半透明玻璃使漫
射光渗进舞蹈工
作室
齐平的聚碳酸酯
表面后的铝质支
撑结构
半反光外窗映
出景观
钢框支架使聚碳酸
酯板得以“漂浮”
在地平面层上

项目

利口乐米卢斯工厂

建筑师

赫尔佐格和德梅隆建筑事务所

完工时间

1993 年

坐落地点

法国 米卢斯

利口乐米卢斯工厂的外围护面，通过丝网印刷把德国植物摄影大师卡尔·布罗斯菲尔德的摄影作品《一片叶子》的照片印在聚碳酸酯饰面板的背面上，营造出一种层次的效果。不同的光照条件会引起眩光或显示图像，从而使树叶在雕刻较深的地方显现，而其他地方几乎看不见。植物母题让人想起利口乐米卢斯工厂在其产品中使用的草药，但正是这种图像的转瞬即逝形成了建筑物的视觉特征——在典型的臃肿的工业棚屋上的一个游戏。

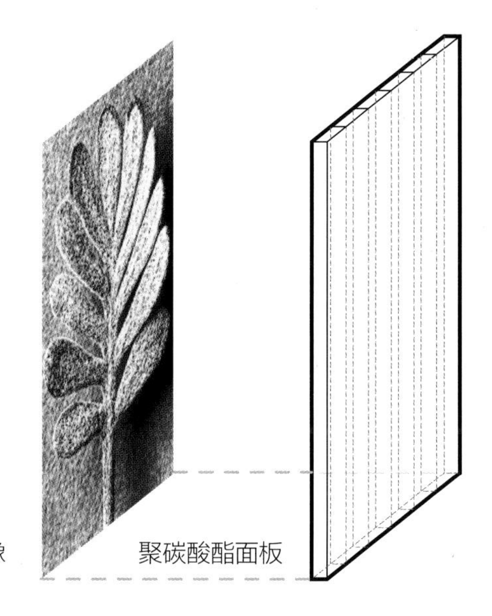

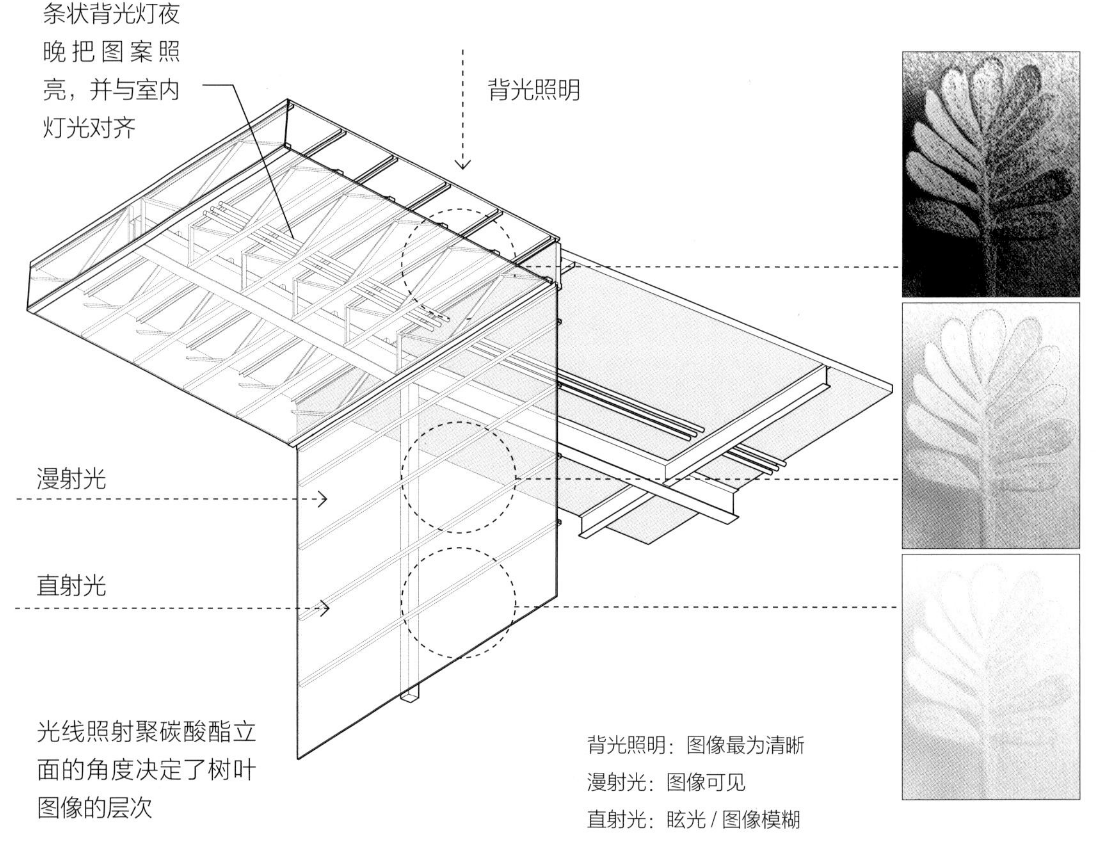

光线照射聚碳酸酯立面的角度决定了树叶图像的层次

背光照明：图像最为清晰
漫射光：图像可见
直射光：眩光 / 图像模糊

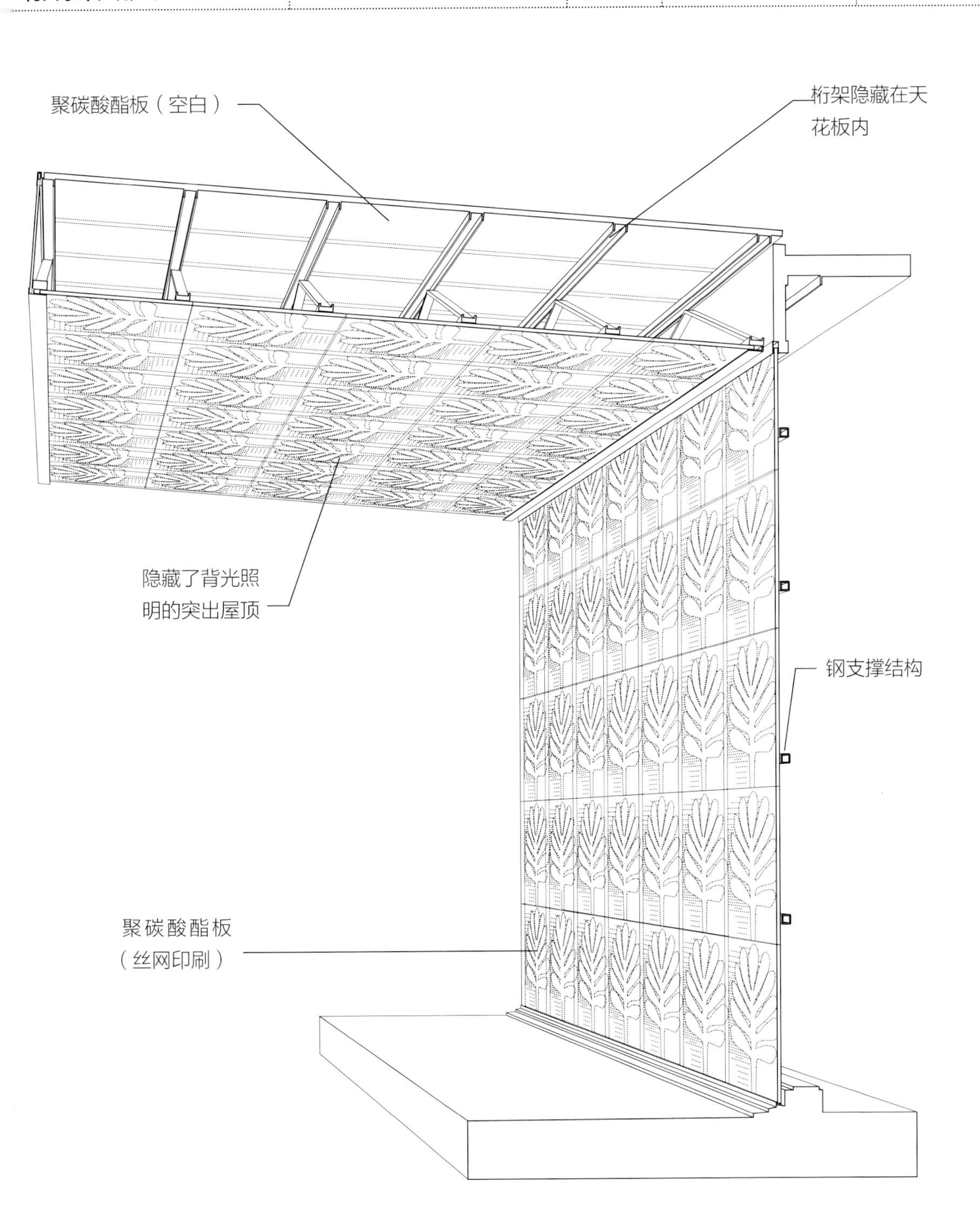
聚碳酸酯板（空白）
桁架隐藏在天花板内
隐藏了背光照明的突出屋顶
钢支撑结构
聚碳酸酯板（丝网印刷）

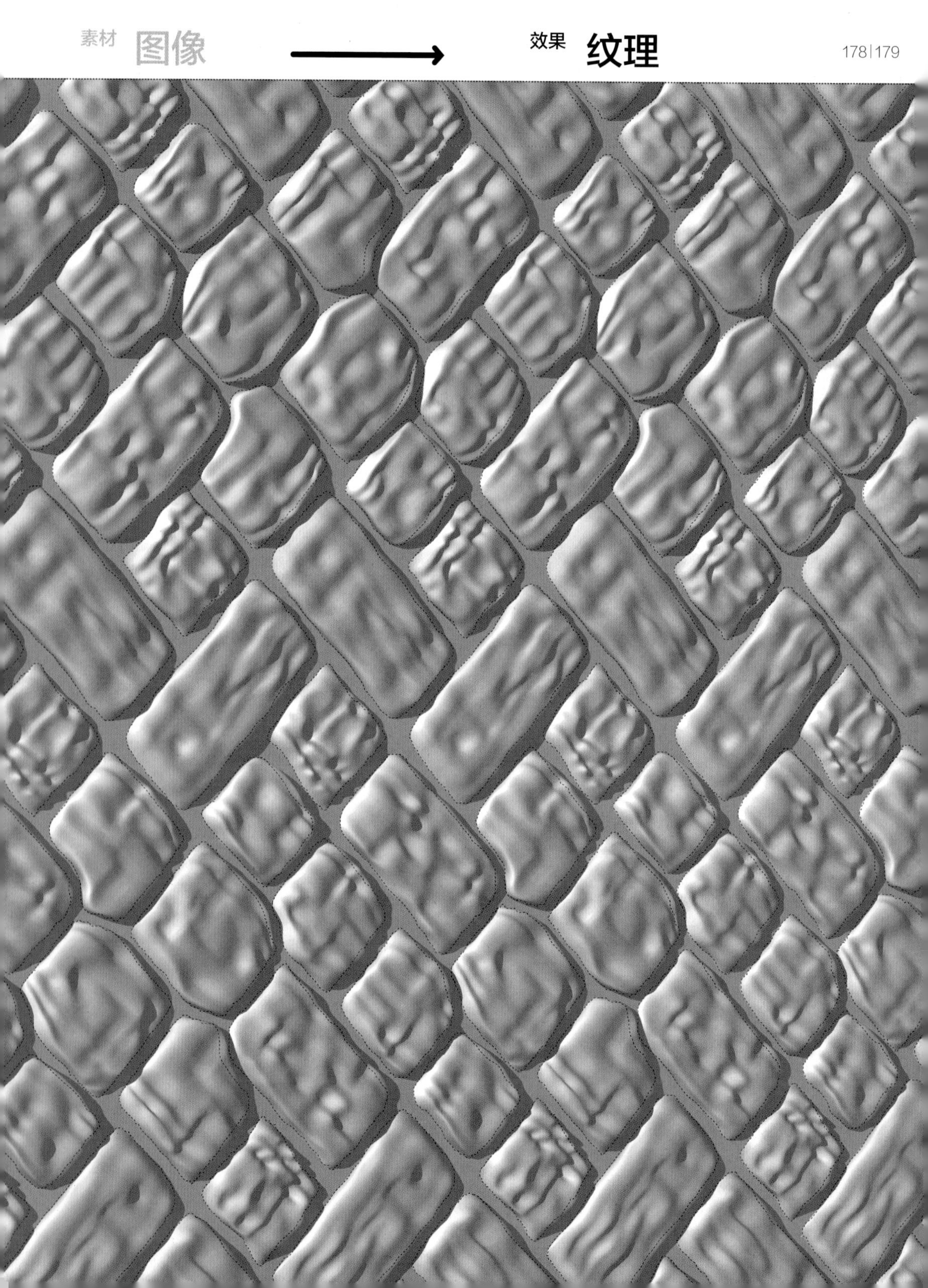

项目	建筑师	完工时间	坐落地点	
福冈香椎集合住宅	大都会建筑事务所（OMA）	1991 年	日本 福冈	40

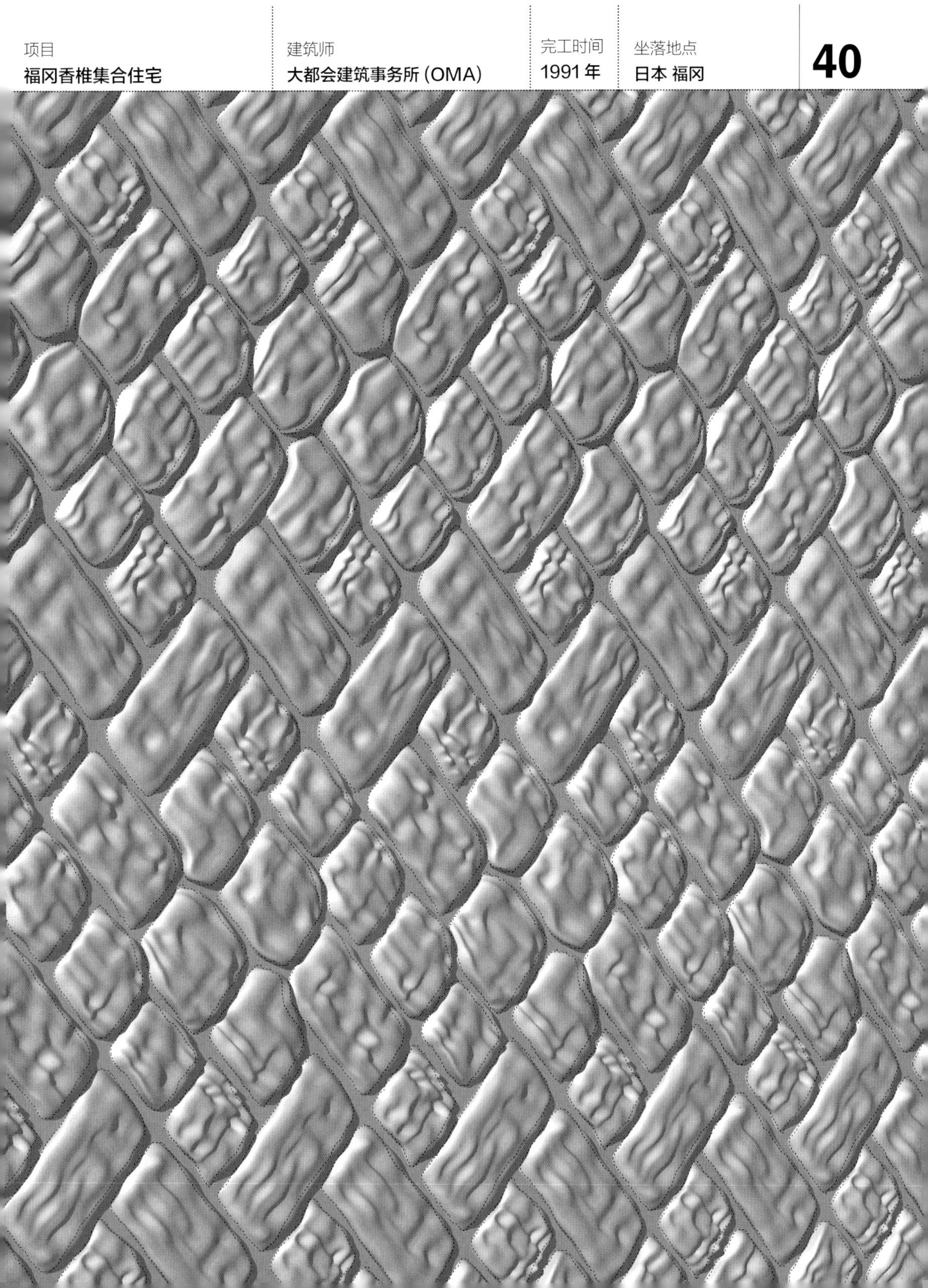

福冈香椎集合住宅通过其饰面层产生了纹理的效果。整个建筑让人联想到与日本传统建筑相关的图像——浇筑面板参照传统日本砖石建筑中典型的纪念碑墙的 45°砌石层，被用来创造包裹居住单元的纹理效果。

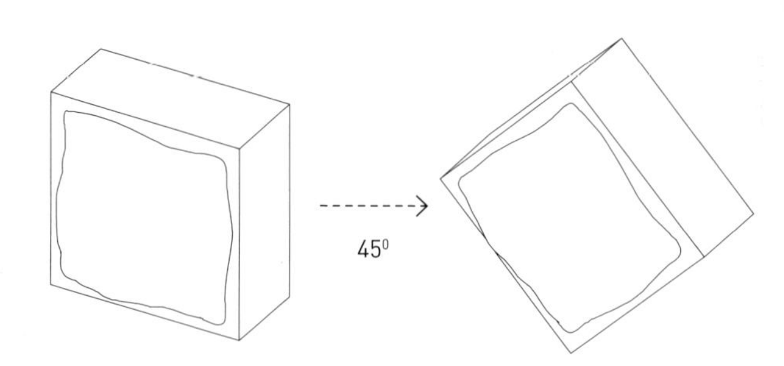

旋转 45° 的砌块经一系列映像与转化被整合成一体，产生看似随机实则重复的纹理。

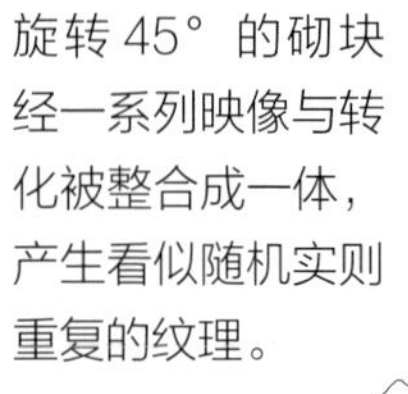

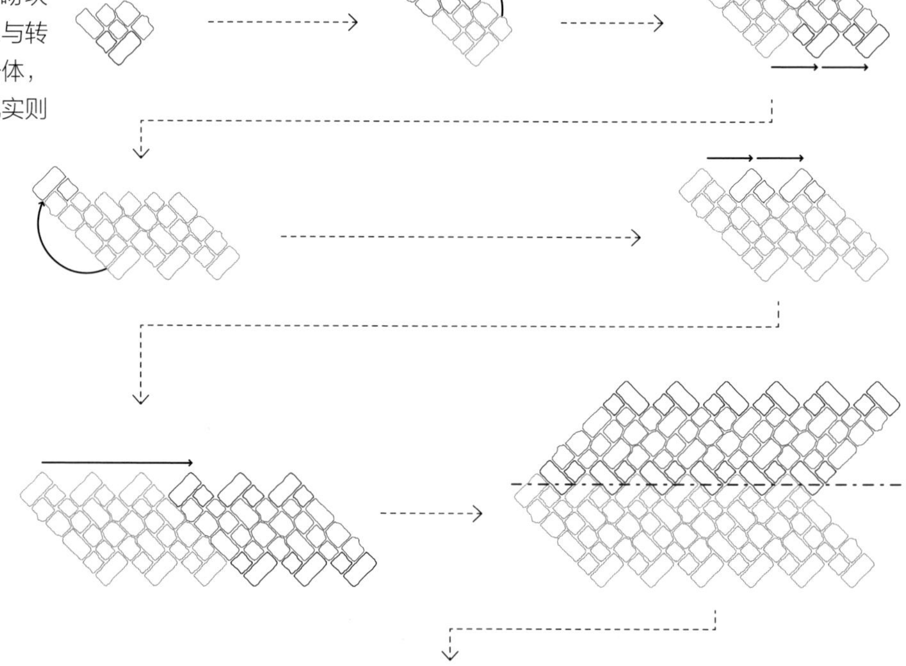

建筑的轮廓将图案随意剪裁，以突出其作为纹理的属性。

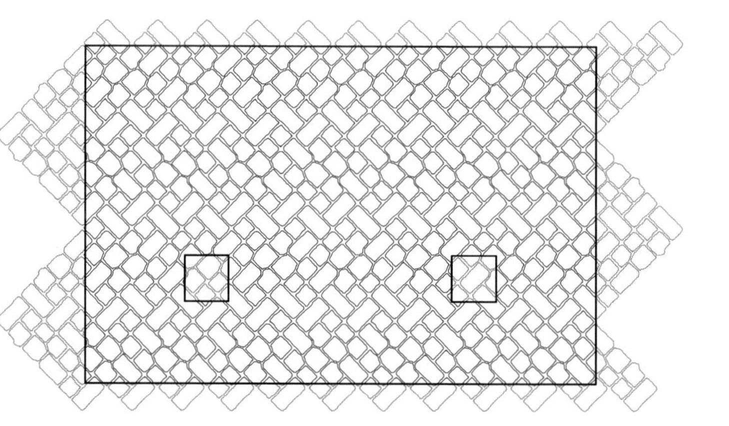

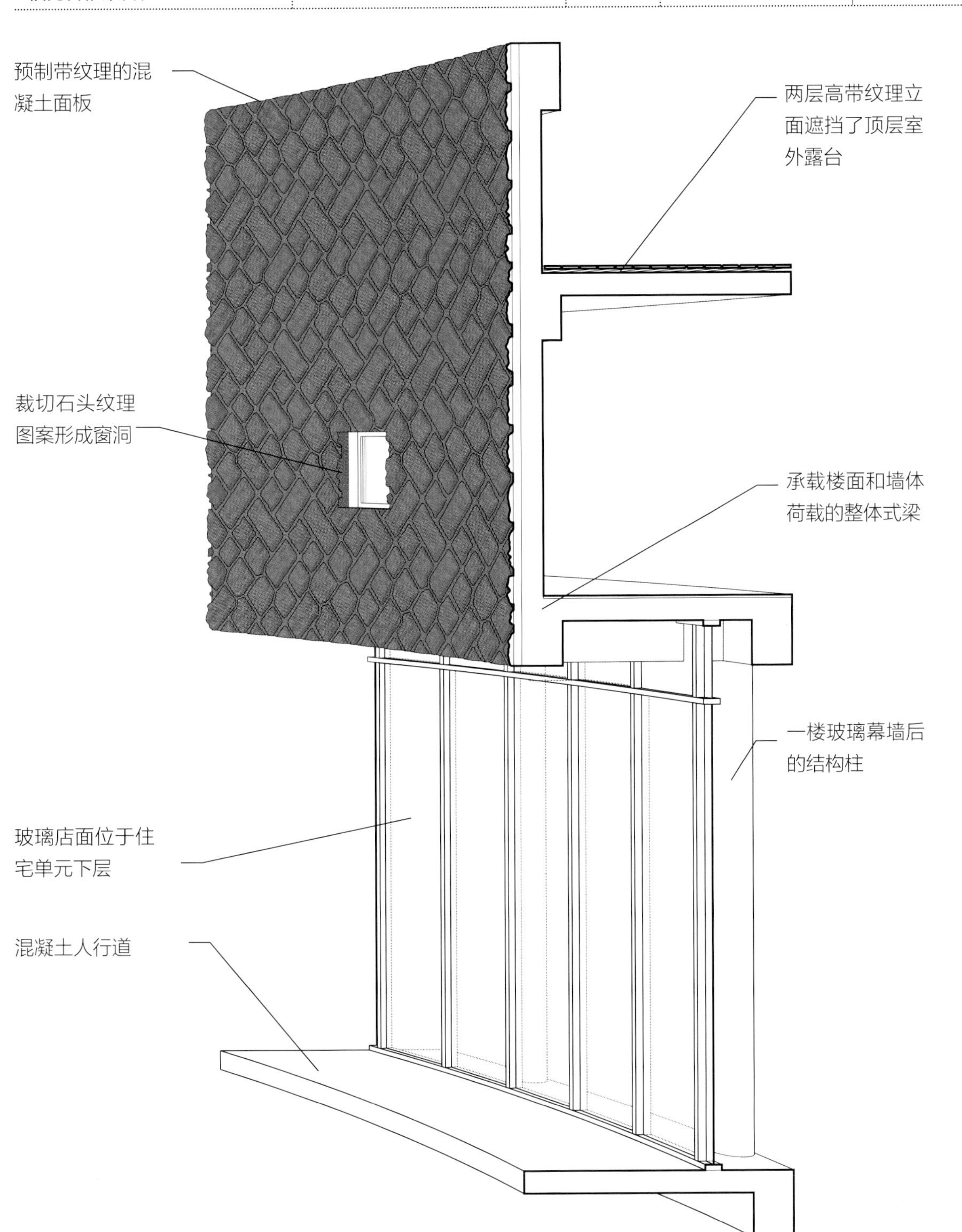

预制带纹理的混凝土面板
两层高带纹理立面遮挡了顶层室外露台
裁切石头纹理图案形成窗洞
承载楼面和墙体荷载的整体式梁
一楼玻璃幕墙后的结构柱
玻璃店面位于住宅单元下层
混凝土人行道

圣莫尼卡广场停车场使用金属网屏幕，将建筑表皮变成城市尺度的广告牌，用大尺度字体屏蔽了停车场结构，同时标识出圣莫尼卡广场在其都市语境中的名号和存在。

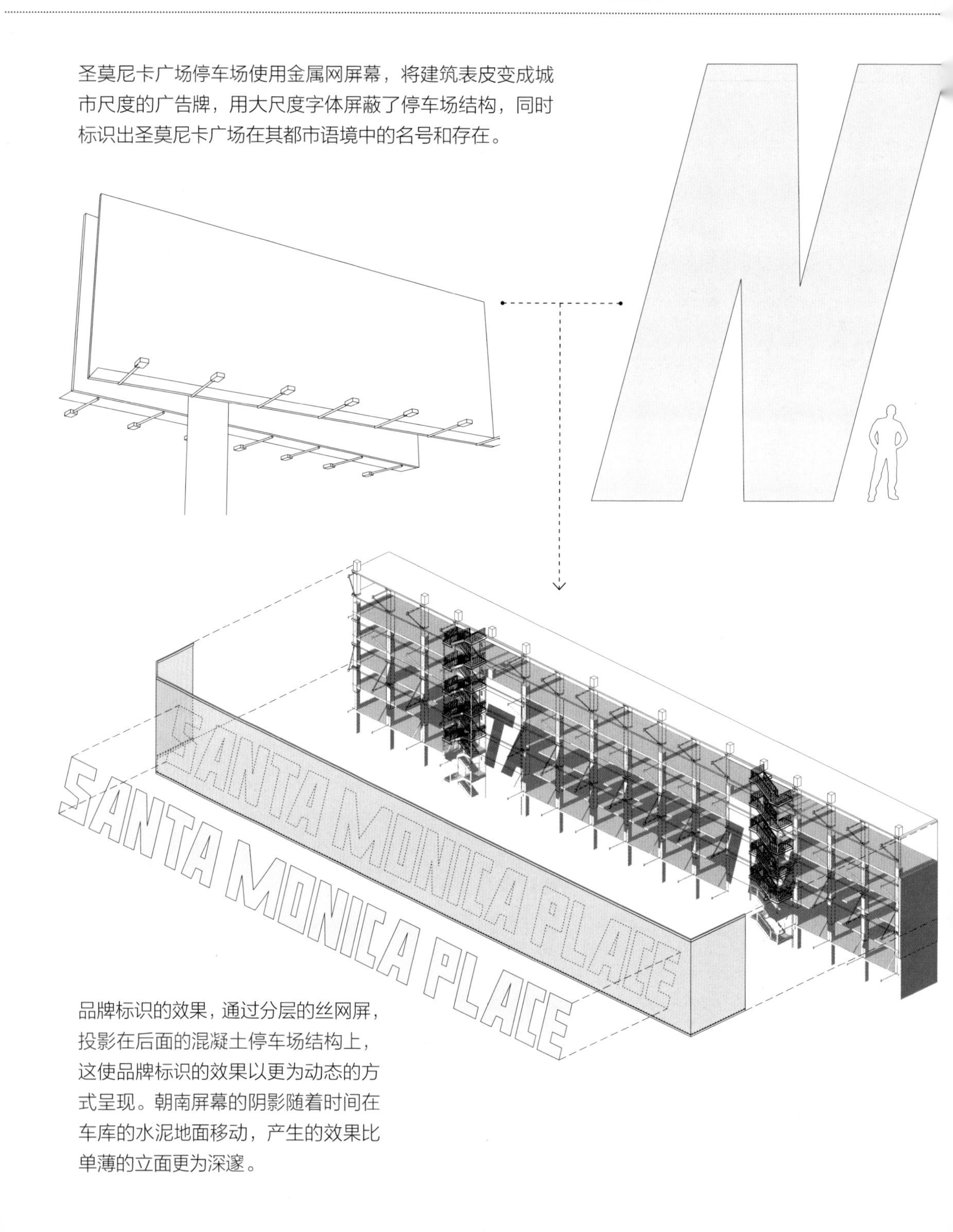

品牌标识的效果，通过分层的丝网屏，投影在后面的混凝土停车场结构上，这使品牌标识的效果以更为动态的方式呈现。朝南屏幕的阴影随着时间在车库的水泥地面移动，产生的效果比单薄的立面更为深邃。

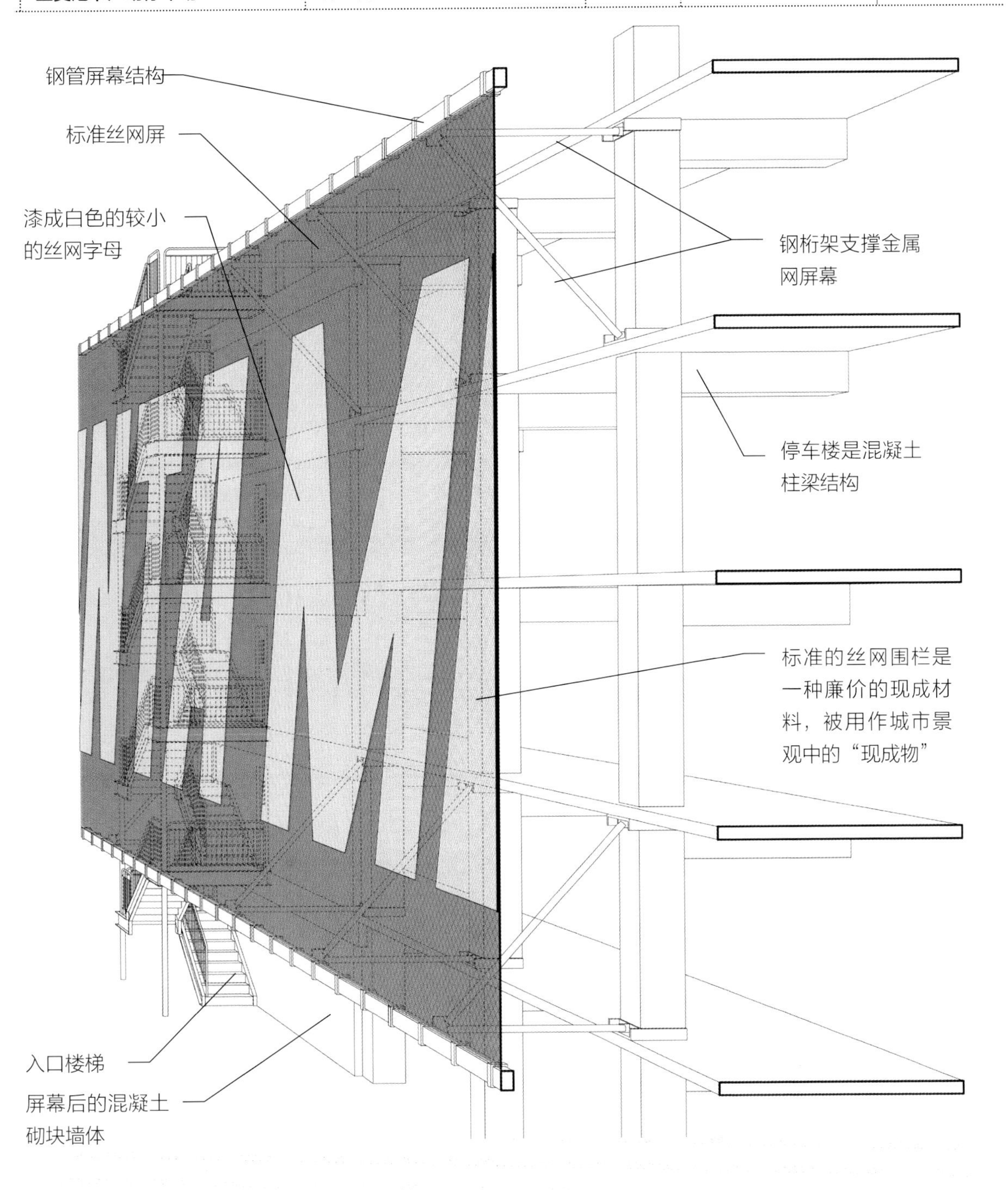

钢管屏幕结构
标准丝网屏
漆成白色的较小的丝网字母
钢桁架支撑金属网屏幕
停车楼是混凝土柱梁结构
标准的丝网围栏是一种廉价的现成材料，被用作城市景观中的“现成物”
入口楼梯
屏幕后的混凝土砌块墙体

项目	建筑师	完工时间	坐落地点	42
埃伯斯沃德技术学院图书馆	赫尔佐格与德梅隆建筑事务所 托马斯·鲁夫	1980 年	德国 埃伯斯沃德	

埃伯斯沃德技术学院图书馆创建了一种序列的效果，通过多条混凝土和玻璃的面板对楼层进行包裹，面板上有丝网印刷的照片，把建筑外围护面分解为重复图像的模式。

印有图案的水平条带的节奏并不规律——一块、两块或三块面板高——模糊了楼板和高侧天窗的节奏规律。

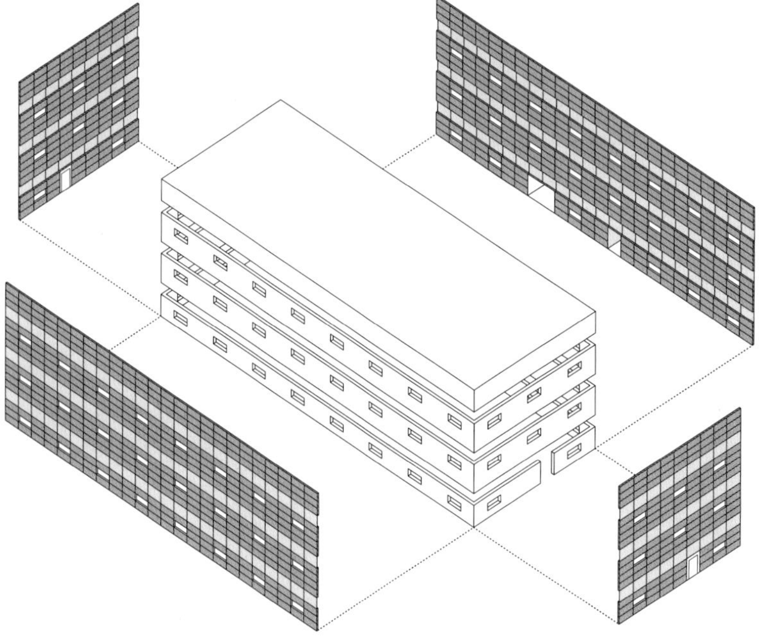

丝网印刷的陶瓷熔料玻璃面板

①丝网放在玻璃面板上。

②陶瓷通过丝网施涂。

③丝网被去除，陶瓷被热熔合到玻璃板上。

丝网印刷浇筑的混凝土板

①利用定型剂将图像丝网印刷到模板衬垫上。

②浇筑面板。

③定型后，从模板上拆下面板。冲洗和刷掉面板上的定型剂和未定型的混凝土。

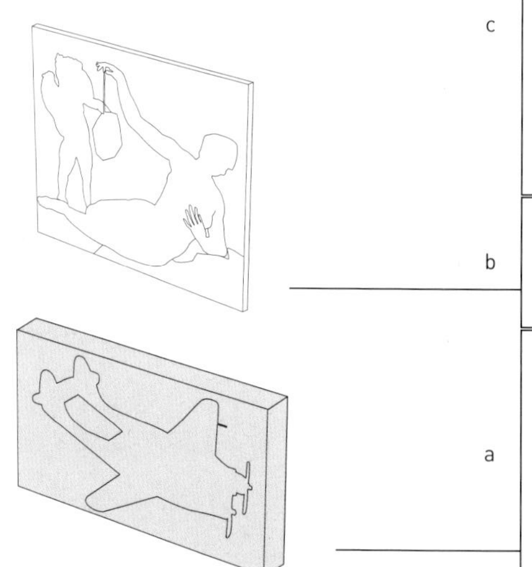

窗户模式

a

b

c

b

c

b

a

图
模

a

b

c

b

a

b

c

a

a

c

b

b

b

项目	建筑师	完工时间	坐落地点	
埃伯斯沃德技术学院图书馆	**赫尔佐格与德梅隆建筑事务所 托马斯·鲁夫**	**1980 年**	**德国 埃伯斯沃德**	**42**

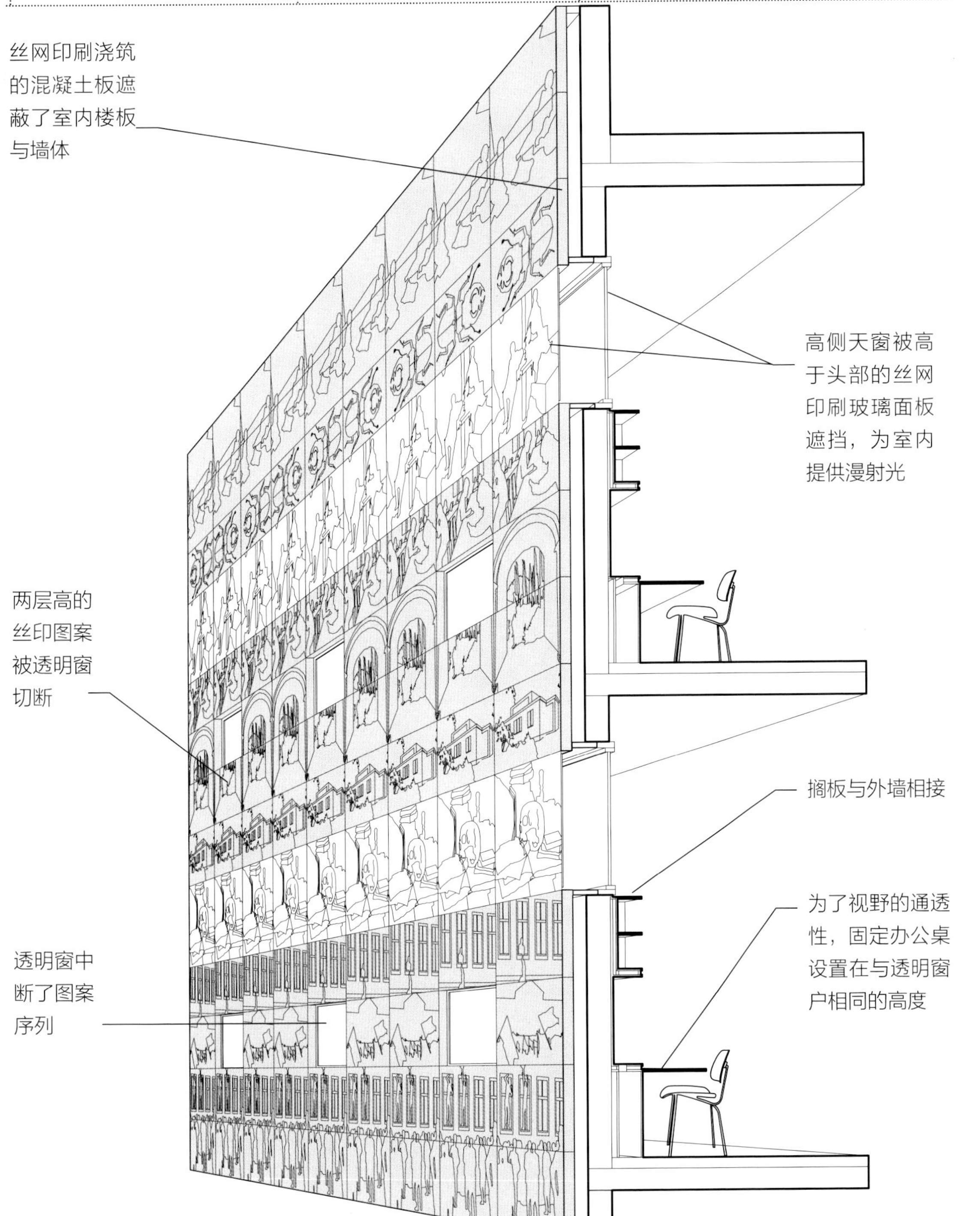

术语参考表

第一章 形体（form）

01 凹槽（fluting）

02 聚集（aggregation）

03 螺旋（spiraling）

04 条带（banding）

05 去物质化（dematerialization）

06 不确定形（amorphousness）

第二章 结构 （structure）

07 起伏 （undulation）

08 网格（ latticing）

09 侧斜 （obliqueness）

10 无尺度 （scalelessness）

11 垂直 （verticality）

12 绗缝 （quilting）

13 模块化 （modularity）

14 随机性 （randomness）

15 浮雕（relief ）

第三章 隔层（screen）

16 多样性（diversity）

17 模块化（modularity）

18 乡土艺术（rustication）

19 质感（texturedness）

20 褶皱（pleating）

21 不连续性（discontinuity）

22 差异化（differentiation）

23 刺绣（embroidery）

24 复杂性（complexity）

25 动能（kinetic energy）

26 摩尔纹（moir é ）

27 差异化（differentiation）

28 差异化（differentiation）

29 几何（geometry）

30 电影化（cinematization）

31 明亮（luminosity）

第四章 表皮（surface）

32 稳重 （weightedness）

33 深度 （depth）

34 差异化 （differentiation）

35 花格图案 （tartan）

36 交替 （alternation）

37 伪装 （camouflage）

38 色调 （tonality）

39 层次 （gradation）

40 纹理 （ texturedness）

41 品牌 （branding）

42 序列 （seriality）

版权信息

感谢以下人员的支持：

Alan Altshuler，Pat Roberts， Toshiko Mori

Irenee Scalbert, Kari Jormakka, Eduarda Lima , David Mah of Foa.

参与学生名单：

Zenin Adrian, Dubravko Bacic, Matthew Bennett, Dave Brown, Carol Chang, Soohyun Chang, Dan Clark, Joshua Dannenberg, Lucie Boyce Flather, J. Seth Hoffman, Fred Holt, Zhya Jacobs, Sharon Kim, Michelle Lee, Guy Nahum, Peter Niles, Raha Talebi, Aikaterini Tryfonidou, Sebastian Velez, Chee Xu.

图纸绘制：

Joshua Dannenberg

案 例：01、03、06、10、12、18、21、28、32、33、34、40、41

J. Seth Hoffman

案 例：02、07、08、09、11、13、14、15、16、17、22、23、27、35、36、37、39

Fred Holt

案例：25、26、37

Raha Talebi

案例：04、05、19、20、24、29、30、31、38

初步图纸：

Zenin Adrian（案例 16）

Dubravko Bacic（案例 37）

Matthew Bennett（案例 01、13、36）

David Brown（案例 02、21）

Carol Chang（案例 33）

Soohyun Chang（案例 39）

Dan Clark（案例 06、42）

Joshua Dannenberg（案例 12、18、40、41）

Lucie Boyce Flather（案例 28、34）

J. Seth Hoffman（案例 07、09、15、17、23、35）

Fred Holt（案例 25、26、37）

Zhya Jacobs（案例 24）

Sharon Kim（案例 27）

Michelle Lee（案例 03、32）

Guy Nahum（案例 10）

Peter Niles（案例 31、38）

Raha Talebi（案例 04、19、20、29、30）

Aikaterini Tryfonidou（案例 05）

Sebastian Velez（案例 08、11、14）

Chee Xu（案例 22）

版式设计：

Manuel Cuyàs

数字制作：

Leandre Linares